Johannes Lehmann

Kurzweil durch

MATHE

av**d**

AULIS VERLAG
DEUBNER & CO KG KÖLN

Best.-Nr. 6040
2., für den Aulis Verlag veranstaltete Auflage
Alle Rechte © bei Urania-Verlag, Leipzig/Jena/Berlin
Verlag für populärwissenschaftliche Literatur, 1980
Lizenzausgabe für den AULIS VERLAG DEUBNER & CO KG, Köln 1986
Printed in the German Democratic Republic
ISBN 3-7614-0562-6

1.Teil AUFGABEN

Rote Zahlen verzeichnen den jeweiligen Kapitelbeginn im Aufgabenteil. Die blauen Zahlen beziehen sich auf die dazugehörigen Lösungen.

Es ist nicht das Wissen,
sondern das Lernen,
nicht das Besitzen,
sondern das Erwerben,
nicht das Da — Sein,
sondern das Hinkommen,
was den größten Genuß gewährt.

C. F. Gauß an J. Bolyai

INTERNATIONALER
BILDERBOGEN

C.

D.

A.

F.

Ö.

$A \longleftrightarrow 999\,km \longrightarrow B$

1. Frankreich Bei einem Sommerfest wurden von vier Ehepaaren zweiunddreißig Flaschen Bier getrunken. Es tranken von den Frauen: Jeanne eine Flasche, Jacqueline zwei, Colette drei und Annette vier Flaschen. Die Herren waren weniger mäßig: M. Pont trank einmal, M. Dubois zweimal, M. Paysan dreimal und M. Fontaine viermal soviel wie seine Frau.
Wie heißen die Vornamen der Frauen dieser Männer?

2. SR Vietnam Das folgende Gedicht stellt eine sehr alte Aufgabe dar, die die alten vietnamesischen Reisbauern den jungen zu stellen pflegten. Es wurde von Generation zu Generation weitergegeben.

Es gibt einhundert Büffel und einhundert Bündel Heu.
Jeder stehende Büffel frißt fünf Bündel.
Jeder liegende Büffel frißt drei Bündel.
Je drei alte Büffel fressen zusammen ein Bündel.
Wieviel stehende, liegende und alte Büffel sind es?

3. SFR Jugoslawien Setze Zahlen bzw. Rechenzeichen ein, so daß richtig gelöste Aufgaben entstehen!

	·		+		=
+		+		·		·
	−		·		=
:		−		−		:
	−		:		=
=		=		=		=
	+		+		=

8		7		10	=
4		3		4	=
6		8		4	=
=		=		=		=
26		12		10	=	48

6

4. Sowjetunion An dem Fahrdamm einer Chaussee stehen Kilometerpfähle. Die Chaussee verbindet die Orte A und B, und auf jedem Pfahl steht sowohl die Entfernung von A als auch die Entfernung von B in km. Die Strecke $\overline{AB}$ hat eine Länge von 999 km. Welche Pfähle enthalten Aufschriften, in denen nur zwei verschiedene Ziffern vorkommen?

5. Österreich Gut versteckt und leicht zu finden: Folgen wir den Spuren des schlauen Maulwurfs. Er hat sich zwischen seiner Schlafhöhle (A) und seinem Ausguck (dem Hügel E) ein verwirrendes System aus Röhren und Höhlen angelegt. Jeden Morgen läuft er von A nach E und passiert dabei sein Vorratslager. Merkwürdig ist, daß er es nur nach einem bestimmten Gesetz findet. Erreicht er den Maulwurfshügel nach drei, fünf, sieben, neun oder elf Zwischenhöhlen, hat er das Lager nicht passiert. Erreicht er dagegen E in einer geraden Anzahl von Stationen, hat er sein Lager gefunden. Zwischen welchen beiden Höhlen liegt das Vorratslager?

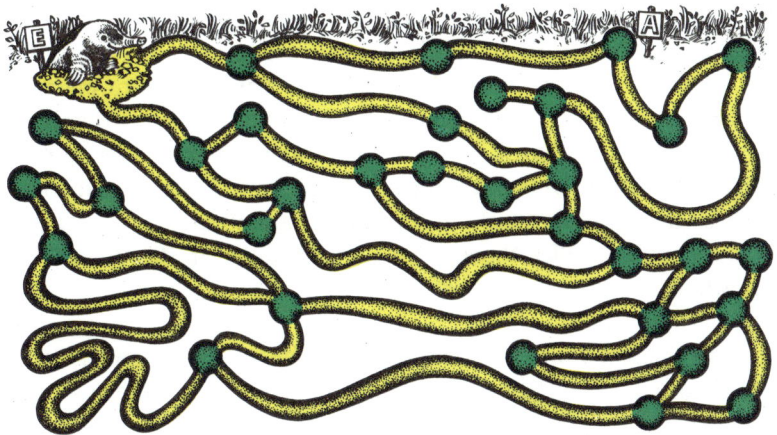

6. VR Bulgarien Vater Nikolai mit Sohn und Vater Peter mit Sohn gehen angeln. Die Anzahl der Fische, die Nikolai geangelt hat, endet mit der Ziffer 2, die seines Sohnes mit der Ziffer 3, die von Peter ebenfalls mit 3 und die seines Sohnes mit 4. Die Summe der Anzahlen aller Fische, die sie insgesamt geangelt haben, ist die Quadratzahl einer natürlichen Zahl.
Wie heißt der Sohn von Vater Nikolai?

7

7. Dänemark Die Fischer Adam, Bauer, Christiansen und Dahse (abgekürzt *A, B, C, D*) wägen nach dem Fischen ihre Ausbeute und stellen fest:

(1) *D* fing mehr als *C*.

(2) *A* und *B* fingen zusammen genausoviel wie *C* und *D* zusammen.

(3) *A* und *D* fingen zusammen weniger als *B* und *C* zusammen.

Ordne die Fangergebnisse *a, b, c, d* der Fischer *A, B, C, D* der Größe nach!

Der Mathematiker oder der Fußballer?
Die beiden Brüder Bohr — Niels, der Physiker und Harald, der Mathematiker — gingen mit einem Freund durch Kopenhagen. Der Freund war erstaunt, daß Harald freundlichst gegrüßt wurde, Niels aber nicht. »Alle Achtung, hier stehen die Mathematiker ja hoch im Kurs.« Niels Bohr winkte ab: »Nicht der Mathematiker ist damit gemeint, sondern Harald als ein beliebter Fußballspieler unserer Stadt.«

---

8. Ungarische Volksrepublik Ein Schüler zeichnete ein Viereck an die Wandtafel. Janos behauptete, es sei ein Quadrat. Imre meinte, es sei ein Trapez. Maria hielt das Viereck für einen Rhombus. Eva nannte das Viereck ein Parallelogramm. Der Lehrer stellte nach gründlicher Untersuchung des Vierecks fest, daß genau drei der vier Behauptungen richtig, genau eine falsch war.

Was für ein spezielles Viereck hat dieser Schüler an die Wandtafel gezeichnet?

9. Griechenland Fünf mal vier gleich zwanzig: Setze aus jeweils vier Einzelteilen ein Rechteck zusammen mit den Seitenlängen 4 Einheiten mal 5 Einheiten!

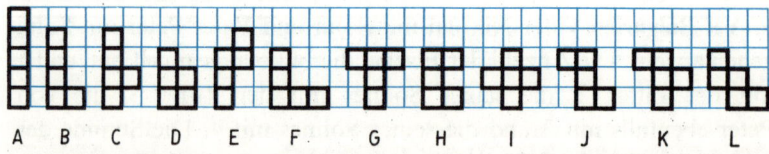

A   B   C   D   E   F   G   H   I   J   K   L

Wie viele Möglichkeiten gibt es? (Jedes der Einzelteile besteht aus 5 Quadraten.)

8

10. Vereinigte Staaten von Amerika John Harris aus Santa Barbara erfand ein Spiel, die »Reise des rollenden Würfels«. Um die »Reise« durchführen zu können, markieren wir eine Seitenfläche des Würfels farbig. Diesen Würfel bewegen wir von einem Feld des Schachbretts auf das angrenzende, indem wir ihn über eine Kante kippen.

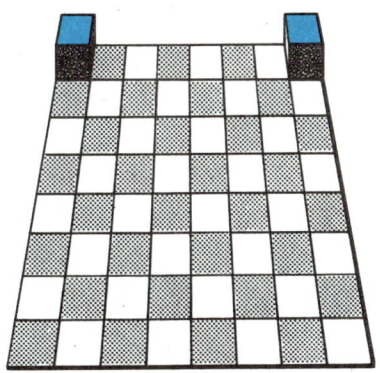

Nun die Aufgabe:
Lege den Würfel auf das linke obere Feld des Schachbretts mit der farbigen Seite nach oben! Bewege ihn durch Kippen von Feld zu Feld so über das Brett, daß er wieder mit der farbigen Seite nach oben auf dem rechten oberen Feld liegt! Dabei muß jedes Feld des Brettes genau einmal berührt werden. Während seiner Reise von der einen zur anderen Ecke darf der Würfel niemals — so lautet die Spielregel — mit seiner farbigen Seite nach oben liegen.

11. Bundesrepublik Deutschland Auf dem Bild sind Gegenstände zu sehen, die sich auf jeweils einer Tafelwaage das Gleichgewicht halten.

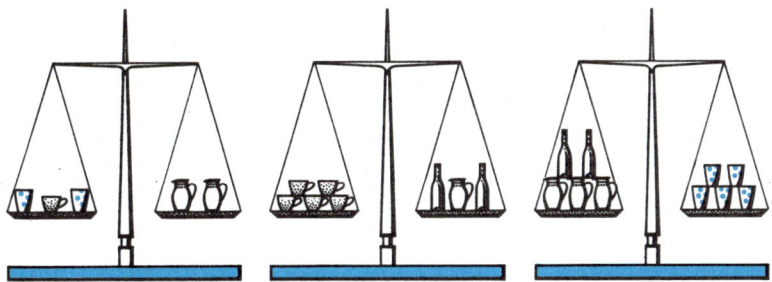

Durch wieviel Becher, Tassen und Flaschen können die Krüge im Gleichgewicht gehalten werden?

12. Belgien Finde dreistellige Zahlen der Form $\overline{abc}$, deren Ziffern die folgende Gleichung erfüllen! Gefordert wird, daß alle drei Ziffern verschieden sein müssen.

$$a^2 - b^2 - c^2 = a - b - c$$

9

13. Italien Ein gegebenes Dreieck ist mittels einer Zickzacklinie in fünf Teile mit gleichem Flächeninhalt zu zerlegen.

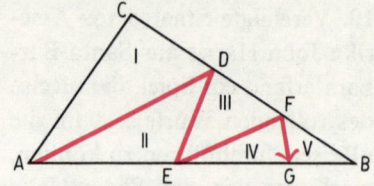

14. DDR Während der Pause waren Angelika, Bernd, Wolfgang und Manuela in der Klasse. Einer von ihnen zerbrach eine Fensterscheibe. Der Lehrer fragte sie und erhielt von jedem von ihnen drei Antworten.

Angelika: 1. Ich habe sie nicht zerbrochen.
2. Ich saß in der Klasse und habe gelesen.
3. Manuela weiß, wer es war.

Bernd: 1. Ich habe es nicht getan.
2. Mit Manuela spreche ich schon lange nicht mehr.
3. Wolfgang hat es getan.

Wolfgang: 1. Ich bin unschuldig.
2. Manuela war es.
3. Bernd lügt, wenn er sagt, daß ich es war.

Manuela: 1. Ich habe die Scheibe nicht zerbrochen.
2. Angelika hat die Scheibe zerbrochen.
3. Bernd weiß, daß ich unschuldig bin, weil ich mich in der Pause mit ihm unterhalten habe.

Schließlich gab jeder von ihnen zu, daß von den drei Antworten, die er gegeben hatte, zwei richtig sind und eine falsch ist.
Wer hat die Fensterscheibe zerbrochen?

Skizzen der **ANTIKE**

1. Fu Hsi (um 3000 v. u. Z.) In den Zeichen des Fu Hsi ist

══ ══ gleichbedeutend mit unserer 6,

══ ══ mit unserer 1 und

════ ══ mit unserer 3.

a) Was bedeutet das Zeichen ══ ══ ?

b) Wie viele und welche Zahlen können mit Hilfe von genau drei durchgehenden oder unterbrochenen Strichen dargestellt werden?

2. Aus altbabylonischer Zeit (um 2000 v. u. Z.) $\frac{1}{4}$ Breite und Länge zusammen sind 7 Handbreiten. Länge und Breite zusammen sind 10 Handbreiten.

Wieviel Handbreiten sind Länge und Breite?

3. Mathematik aus Indien (ungefähr 2000 v. u. Z.) Im alten Indien war eine eigenartige »Sportart« verbreitet — öffentliche Wettbewerbe bei der Lösung komplizierter Aufgaben. Einige indische mathematische Handbücher hatten das Ziel, als Unterstützung für solche Wettbewerbe um die Meisterschaft im Denksport zu dienen. Der Verfasser eines dieser Lehrbücher schrieb: »Nach den hier angeführten Regeln kann sich der Weise tausend andere Aufgaben ausdenken. Wie die Sonne mit ihrem Schein die Sterne überstrahlt, so stellt auch der gelehrte Mensch den Ruhm eines anderen in den Volksversammlungen in den Schatten, stellt und löst er algebraische Aufgaben.« Das ganze Buch ist in Versen geschrieben. Eine Aufgabe haben wir in Prosa übertragen: »Bienen von der Zahl, gleich der Quadratwurzel der Hälfte ihres gesamten Schwarmes, setzten sich auf einen Jasminstrauch und ließen $\frac{8}{9}$ des Schwarmes zurück. Und nur eine Biene desselben Schwarmes kreist um eine Lotosblume, angelockt vom Gesumm einer Freundin, die unvorsichtigerweise in die Falle der süß duftenden Blume geriet.

Wieviel Bienen waren insgesamt im Schwarm?«

4. Arithmetik der Chinesen (2000 v. u. Z.) Im Mittelpunkt eines quadratischen Teiches von 10 Fuß Seitenlänge wächst ein Schilf, das sich einen Fuß über die Wasseroberfläche erhebt. Als man es an das Ufer nach der Mitte einer Seite hinzog, reichte es gerade bis an den Rand des Teiches. Wie tief ist das Wasser?

5. Pythagoras von Samos (um 580 bis 501 v. u. Z.) Der aus der Schillerschen Ballade bekannte Tyrann Polykrates von Samos soll einstmals bei einem Gastmahl Pythagoras gefragt haben, wieviel Schüler er habe. Dieser antwortete: »Ich will es sagen dir, o Polykrates. Siehe, die Hälfte treibt die treffliche Mathematik, dagegen ein Viertel erforscht die Tiefen der Natur, der unsterblichen, ein Siebentel übt noch schweigend die Kraft der Seele, im Herzen die Lehre wahrend. Zähl' drei Jungfrauen hinzu, aus denen Theano hervorragt, soviel führ' ich der Schüler zum Born der ewigen Wahrheit.«

6. Das griechische Kreuz (um 500 v. u. Z.) Der Name stammt von der Darstellung auf antiken griechischen Skulpturen, wo es als Symbol auf einem Brotlaib auftaucht.

Baue aus Karton (oder Sperrholz) die folgende Figur nach, zerschneide sie in angegebener Weise und lege die Teile zu einem Quadrat zusammen!

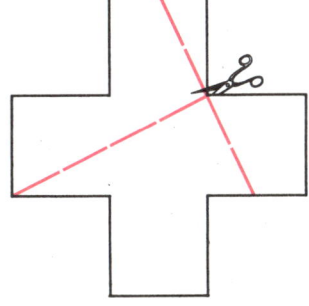

7. Euklid (um 300 v. u. Z.) Ein Maultier und ein Esel sind mit Getreide beladen. Bestimme die Lasten nach folgender Angabe: Das Maultier sagt unterwegs zum Esel: »Wenn du mir ein Maß von deiner Last abgibst, so trage ich doppelt so viel wie du. Gebe ich dir aber ein Maß ab, so sind unsere Lasten gleich.«

13

8. Aus dem Papyrus Rhind (um 1700 v. u. Z.) Dieser Papyrus, der von dem Engländer Rhind Ende des vorigen Jahrhunderts gefunden wurde, stellt eine Abschrift eines anderen noch älteren ägyptischen mathematischen Werkes dar, das wahrscheinlich ins dritte Jahrtausend vor unserer Zeitrechnung gehört. Daraus zwei Aufgaben:

a) Ein Mathematiker ermittelte, daß in einer Herde, die ein Hirte auf die Weide führte, 70 Tiere waren. Er fragte, wie groß der Teil des Viehs seiner Herde ist, den er treibt. Darauf antwortete der Hirt: »Ich führe zwei Drittel von einem Drittel der Herde, die mir anvertraut ist, auf die Weide.«

Wie groß war die Stückzahl seiner Herde?

Aber auch formale Aufgaben finden wir in dieser alten Schrift:

b) Berechne x aus $\left[\left(x + \frac{2}{3}x\right) + \frac{1}{3}\left(x + \frac{2}{3}x\right)\right] \cdot \frac{1}{3} = 10$!

9. Hippokrates von Chios (um 440 v. u. Z.) Hippokrates zeigt die von ihm quadrierten Möndchen vor und stellt fest: Der Flächeninhalt der beiden im Bild gezeigten Kreisbogenbereiche M_1 und M_2 ist gleich dem des Dreiecks ABC. Beweise diese Behauptung!

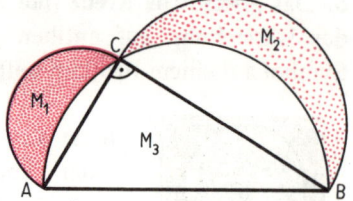

10. Zhang Cang (gest. 152 v. u. Z.) Drei Garben einer guten Ernte, zwei Garben einer mittleren Ernte und eine Garbe einer schlechten Ernte ergeben 39 dou (altes chinesisches Maß) Korn; zwei Garben einer guten Ernte, drei Garben von der mittleren und eine Garbe von der schlechten Ernte ergeben 34 dou; eine Garbe von der guten, zwei von der mittleren und drei von der schlechten liefern 26 dou.

Gefragt ist, wieviel Korn eine Garbe der guten, eine Garbe der mittleren und eine Garbe der schlechten Ernte liefert.

11. Archimedes (287 bis 212 v. u. Z.) Es ist eine allgemeine Formel für die Berechnung der in der Figur schraffierten beiden Flächenstücke zu finden. Archimedes fand die Beziehung:

$A = \dfrac{\pi t^2}{8}$, wobei t die Länge von $\overline{AB}$ bezeichnet.

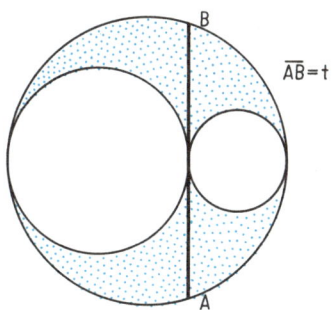

$\overline{AB} = t$

Der Leser
möge diese
Formel herleiten.

12. Heron von Alexandria (1. Jh. v. u. Z.) Es gibt vier Springbrunnen. Der erste füllt die Zisterne täglich, der andere braucht zwei Tage, der dritte drei Tage und der vierte gar vier Tage.
Welche Zeit brauchen sie zugleich?

13. Mathematik aus Rom (ungefähr 100 v. u. Z.) Die Gesetzeshüter im alten Rom stellten sich gegenseitig Aufgaben. Eine lautete:

Eine Witwe ist verpflichtet, die Hinterlassenschaft ihres Mannes in Höhe von 3500 Denar mit dem Kind, das sie erwartet, zu teilen. Wird es ein Sohn, so erhält sie nach den römischen Gesetzen die Hälfte des Anteils des Sohnes. Wird eine Tochter geboren, so erhält die Mutter den doppelten Anteil der Tochter. Nun wurden jedoch Zwillinge geboren — ein Sohn und eine Tochter.
Wie ist die Erbschaft so aufzuteilen, daß allen Forderungen des Gesetzes entsprochen wird?

14. Diophant von Alexandrien (3. Jh.) Zu zwei gegebenen Zahlen, 200 und 5, ist eine dritte zu bestimmen, die mit der einen multipliziert ein Quadrat, mit der anderen multipliziert die Wurzel dieses Quadrats ergibt.

15

15. In den arabischen Erzählungen von »Tausendundeiner Nacht«, die vor vielen hundert Jahren gesammelt worden sind, finden wir in der 458. Nacht ein schönes Rätsel:

»Eine fliegende Taubenschar kam zu einem hohen Baume, und ein Teil von ihnen setzte sich auf den Baum, ein anderer darunter. Da sprachen die auf dem Baume zu denen, die unten waren: »Wenn eine von euch herauffliegt, so seid ihr ein Drittel von uns allen; und wenn eine von uns hinabfliegt, so werden wir euch an Zahl gleich sein.«

Wieviel Tauben waren auf dem Baum, wieviel unter dem Baum?

16. In der alten persischen Erzählung »Die Geschichte Moradbals«, die in der Sammlung »Tausendundein Tag« enthalten ist, stellt ein Weiser einem jungen Mädchen die folgende Aufgabe:

»Eine Frau geht in einen Garten, um Äpfel zu ernten. Der Garten hat vier Tore; jedes wird von einem Manne bewacht. Die Frau gibt dem Hüter des ersten Tores die Hälfte der gepflückten Äpfel; als sie beim zweiten anlangt, gibt sie dem zweiten Wächter die Hälfte der übrig gebliebenen Äpfel; ebenso verfährt sie beim dritten; endlich teilt sie noch mit dem vierten, so daß ihr schließlich nur zehn Äpfel bleiben. Nun fragt man, wieviel Äpfel sie geerntet hat.«

Ein Schüler fragte Euklid: »Was kann ich verdienen, wenn ich diese Dinge lerne?«
Euklid rief seinen Sklaven und sagte: »Gib ihm 3 Obolen; der arme Mann muß Geld verdienen mit dem, was er lernt!«

Aus der SCHULE
geplaudert

> *Das Lösen einer Aufgabe ist eine praktische Kunst wie Schwimmen oder Skilaufen oder Klavierspielen: Sie läßt sich nur durch Nachahmung oder Übung erlernen.*
>
> *Georg Polya*

1. Eine Klasse schrieb eine Leistungskontrolle. Ein Drittel der beteiligten Schüler hatte eine Aufgabe falsch, ein Viertel hatte zwei Aufgaben falsch und ein Sechstel drei Aufgaben falsch; ein Achtel hatte alle vier Aufgaben falsch.

Wie viele Schüler hatten alle Aufgaben richtig gelöst, wenn dieser Klasse nicht mehr als 30 Schüler angehören?

2. Dem in Mathematik besten Schüler einer 5. Klasse wird die Aufgabe gestellt, eine bestimmte natürliche Zahl zu erraten. Von seinen Freunden werden nacheinander folgende Aussagen über diese Zahl gemacht:

Wolfgang: Die Zahl ist eine Primzahl.
Karin: Die Zahl ist 9.
Peter: Die Zahl ist gerade.
Roswitha: Es ist die Zahl 15.

Ferner wird mitgeteilt, daß von den beiden Schülern Wolfgang und Karin bzw. Peter und Roswitha genau einer die Wahrheit gesagt hat.

Wie heißt die Zahl?

3. Für Schülerexperimente wurden genau 29 Einzelteile (Versuchsmaterialien) für genau 29 Mark eingekauft. Es waren Teile zu 10 Mark, 3 Mark oder 50 Pfennig; von jeder Sorte mindestens ein Teil. Andere Sorten kommen unter den eingekauften Teilen nicht vor.

Wie viele Teile von jeder der drei Sorten wurden insgesamt eingekauft?

4. Für das Absetzen der Seitenzahlen eines seiner mathematischen Fachbücher — so sagte der Lehrer — wurden 6869 Ziffern benötigt. Seine pfiffigen Schüler konnten sofort errechnen, wieviel Seiten dieses Buch hat.

Wie stellten sie das an?

5. Zwei Freunde wollen $4^2 - 3^2$ ausrechnen. Ihnen fällt dabei auf, daß das Ergebnis 7 gleich der Summe der beiden benutzten Zahlen 4 und 3 ist. Als sie ihre Entdeckung an den Zahlen 10 und 11 überprüfen, stellen sie fest, daß auch hier $11^2 - 10^2 = 21 = 11 + 10$ ist. Sie ermitteln nun alle Paare (a, b) natürlicher Zahlen mit $a > b$, für die die Differenz $a^2 - b^2$ gleich der Summe $a + b$ ist. Wie machen sie das?

6. Rosi nimmt am Training in ihrer Schulsportgemeinschaft teil. Eine der Übungen besteht in rhythmischem Gehen mit anschließendem Nachfedern im Stand. Die Länge der Übungsstrecke beträgt 30 m. Am Anfang und am Ende stehen Fahnenstangen. Rosi legt die Strecke auf folgende Weise zurück: Zwei Schritte vor, nachfedern, dann einen Schritt zurück, nachfedern, dann wieder zwei Schritte vor, ... usw., bis sie die zweite Fahnenstange erreicht.

Welches ist die genaue Anzahl von Schritten, die sie unter den angegebenen Bedingungen insgesamt macht, wenn ihre Schrittlänge genau 50 cm beträgt?

7. Als Schüler den Fachunterrichtsraum betraten, fanden sie an der Wandtafel einen unvollständigen Text, den ihnen ihr gewitzter Lehrer in der Pause angeschrieben hatte.
Wer vervollständigt ihn?

a) $\dfrac{5}{*} - \dfrac{*}{3} = \dfrac{1}{6}$ a) $37{,}3 * \dfrac{1}{2} = 74\dfrac{3}{5}$

b) $\dfrac{9}{*} - \dfrac{*}{21} = \dfrac{17}{42}$ b) $\dfrac{33}{40} * \dfrac{10}{11} = 0{,}75$

c) $\dfrac{1}{2} + \dfrac{*}{4} = \dfrac{*}{4}$ c) $0{,}45 * \dfrac{1}{20} = \dfrac{2}{5}$

d) $\dfrac{*}{8} - \dfrac{1}{*} = \dfrac{3}{8}$ d) $0{,}375 * \dfrac{1}{40} = 0{,}4$

8. Ein Vater versprach seinem Sohn, ihm für jede richtig gelöste Aufgabe 10 Pfennig in die Sparbüchse zu geben. Für jede fehlerhafte Aufgabe wurde der Sohn verpflichtet, 5 Pfennig zurückzuzahlen. Nach der Lösung von 20 Aufgaben blieben dem Sohn 80 Pfennig.
Wie viele Aufgaben löste er fehlerhaft und wie viele fehlerfrei?

9. Der Mathematiklehrer ruft den Schülern durch einen »Rösselsprung« einen Lehrsatz ins Gedächtnis, den sie vor längerer Zeit während einer interessanten Unterrichtsstunde behandelt haben. Sie finden ihn nach einigem Überlegen.

	pez	je	nem	xe	
des	ei	ge	tra	par	paar
gen	heißt	der	ve	len	vier
an	kon	mit	ten	zu	al
	sei	ein	le	eck	

10. Ein Bibliothekar fand in dem Rechenbuch »Auff der Feder vnd Linien« des Rechenmeisters Johannes Albert (um 1750) eine nette Aufgabe. Sie war damals geschrieben für den »einfeltigen vnd gemeinen Mann vnd anbetenden der Arithmetica«.
Es reisen zwei Gesellen zugleich von Wittenberg nach Spanien. Der erste läuft jeden Tag 7 Meilen, und der andere läuft am ersten Tag eine Meile, am nächsten Tag zwei, am dritten Tag drei Meilen und, so fortsetzend, jeden Tag eine Meile mehr. Es ist die Frage zu beantworten, in wieviel Tagen diese zwei Gesellen zusammentreffen.

11. Drei Mädchen stellen in einer Freistunde ihren Freunden eine knifflige Aufgabe. Sie stellen fest:
Ute besitzt doppelt soviel Buntstifte wie Regine, Sabine hingegen 13 weniger als Regine.
Wie viele Buntstifte besitzt jede von uns, wenn die Anzahl der Buntstifte, die wir zusammen besitzen, gleich einer Primzahl ist, die kleiner als 50 ist und deren Quersumme 11 beträgt?
Wie muß die Antwort lauten?

12.
Rechner, gebet eine Zahl,
Wenn man sie ein achtteil Mal
Zu einhundertfünfzig legt,
Daß es fünfzig mehr beträgt,
Als wenn man sie ohne Wahl
Richtig setzt dreiviertelmal.
Nun zeigt an in schneller Frist:
Was für eine Zahl es ist!
Diese Aufgabe stellte der Rechenmeister Johann Hemeling vor über 200 Jahren seinen Schülern.

13. In einer Klasse werden die Fächer Mathematik, Physik, Chemie, Biologie, Deutsch und Geschichte von den Lehrern Altmann, Brendel und Clausner erteilt. Jeder der Lehrer unterrichtet genau zwei Fächer. Der Chemielehrer wohnt in demselben Haus wie der Mathematiklehrer. Herr Altmann ist von den drei Lehrern der jüngste. Der Mathematiklehrer und Herr Clausner spielen häufig Schach miteinander. Der Physiklehrer ist älter als der Biologielehrer, aber jünger als Herr Brendel. Der älteste der drei Lehrer hat einen längeren Heimweg als seine beiden Kollegen.
Welche Lehrer unterrichten welche Fächer?

14. In einem Gymnastikraum stehen mehrere gleich lange Bänke. Setzen sich auf je eine Bank 6 Sportler, so bleibt eine Bank übrig, auf der nur drei Sportler sitzen. Setzen sich aber auf jede Bank fünf Sportler, so müssen vier Sportler stehen.
Wieviel Sportler und wieviel Bänke sind in dem Raum?

21

15. Bei der Preisverteilung nach einem mathematischen Wettbewerb stehen alle Preisträger nebeneinander auf der Bühne. Karl: »Der sechste von links hat als einziger Schüler seiner Klassenstufe die volle Punktzahl von 40 Punkten erreicht.« Annerose: »Das stimmt, es ist genau der zehnte von rechts!«
Wieviel Preisträger waren es? Wer findet dazu die Verallgemeinerung?

16. Der Lehrmeister stellt den Schülern nach der Betriebsbesichtigung folgende Aufgabe: Mit Hilfe der modernen Technik kann man Drähte aus Metall herstellen, die nur eine Dicke von 0,002 mm haben.
Welche Länge besitzt ein Draht von kreisförmigem Querschnitt und einem Querschnittsdurchmesser von 0,002 mm, der aus einer Masse von 2 g Silber hergestellt worden ist?

ALTES und NEUES
aus der Praxis

1. Der griechische Mathematiker Metrodor (3. Jh. v. u. Z.) stellte folgende Aufgabe: »Die königliche Krone hat eine Masse von 60 Minen (1 Mine = 100 Drachmen = $\frac{1}{60}$ Talent). Sie besteht aus Gold, Kupfer, Blei und Eisen. Das Gold macht zusammen mit dem Kupfer $\frac{2}{3}$ der Masse, zusammen mit dem Blei $\frac{3}{4}$ der Masse, das Eisen macht zusammen mit dem Gold $\frac{3}{5}$ der Masse aus.

Wieviel Minen von jedem Metall waren in der Krone enthalten?

2. Eratosthenes, der um 195 v. u. Z. in Alexandria starb, führte eine erstaunlich genaue Messung des Erdumfanges durch. Er wußte, daß in Assuan in Oberägypten die Sonne am Mittag des längsten Tages im Zenit stand. Zu diesem Zeitpunkt bestimmte er den Winkel, unter dem man in Alexandria die Sonne sah, und fand eine Abweichung von 7,5° zum Lot. Nach seiner Messung lag Alexandria 5000 ägyptische Stadien nördlich von Assuan. Mit Hilfe dieser Angaben berechnete er den Erdumfang.
a) Wieviel ägyptische Stadien zählte der Erdumfang?
b) Man rechne diesen Wert in km, wenn 1 ägyptisches Stadion gleich 184,72 m gerechnet wird.
c) Man vergleiche den damals ermittelten Erdumfang. (Der heutige Erdumfang beträgt etwa 40000 km.)

3. Eine Aufgabe von Étienne Bézout (1730 bis 1783): Arbeiter vereinbarten, daß sie für jeden Arbeitstag 48 fr (Franc) erhalten, wobei sie für jeden Tag ohne Arbeitsleistung 12 fr zurückgeben wollen. Nach 30 Tagen jedoch stellten sie fest, daß sie nichts verdient hatten.
Wieviel Tage arbeiteten sie während der 30 Tage?

4. In einer Möbelfabrik wurde die Produktion von Tischen monatlich um 10 Tische gesteigert. Die Jahresproduktion betrug 1920 Tische.
Wie viele sind es im Juni und wie viele im Dezember?

24

5. Einem Elektriker steht zum Verlegen elektrischer Leitungen isolierter Kupferdraht in den Farben Grün, Blau, Weiß, Rot, Schwarz, Gelb, Grau und Braun zur Verfügung. Durch verschiedene Farbkombinationen kann er die einzelnen Leitungen, zu denen jeweils zwei Drähte gehören, kennzeichnen.
Wieviel verschiedene Leitungen kann er unter Benutzung der acht Farben zusammenstellen? (Doppelmarkierungen wie Grün/Grün usw. sind nicht möglich.)

6. Ein Raum soll mit 32 Glühlampen so ausgestattet werden, daß sich eine Gesamtleistung von 1800 Watt ergibt. Es stehen ausreichend viele Glühlampen von je 40 Watt, 60 Watt und 75 Watt, aber keine anderen zur Verfügung.
Wieviel Möglichkeiten einer derartigen Ausstattung gibt es?

7. Die numerierten Teile von 1 bis 7 sind von oben her in ein Gehäuse eingeschoben worden.
In welcher Reihenfolge konnten die einzelnen Stücke untergebracht werden?

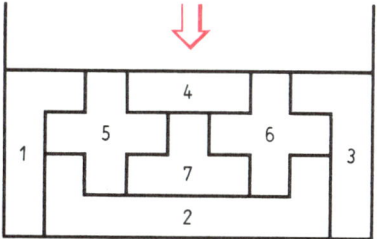

8. Ein Rundholzbalken hat eine Gewichtskraft von 300 N.
Welche Gewichtskraft würde der Balken haben, wenn er doppelt so dick, aber nur halb so lang wäre?

9. Thomas Alva Edison (1847 bis 1931) hatte viel Sinn für geistreiche Späße: Seine zahlreichen Gäste wunderten sich oft darüber, wie schwer sich das Gartentor vor seinem Haus beim Öffnen bewegen ließ. Schließlich sagte einer der Freunde zu dem großen Erfinder: »Ein solch technisches Genie wie Du könnte doch ein Gartentor zustande bringen, das richtig funktioniert.« Edison erwiderte lächelnd: »Mein Tor ist ganz vernünftig eingerichtet. Ich habe es an der Zisterne angeschlossen. Jeder, der zu mir kommt, pumpt mir 20 Liter Wasser in die Zisterne.«
Als Edison statt eines 20-l-Gefäßes ein 25-l-Gefäß verwendete, waren 12 Besucher weniger nötig, um die Zisterne zu füllen.
Wie groß war das Fassungsvermögen der Zisterne?

25

10. Welches der acht Muster wurde von einem Maler mit der darüber gezeigten Walze hergestellt?

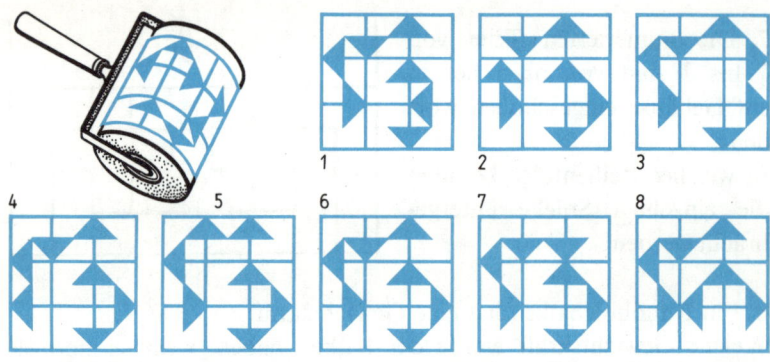

11. Zwei Lastkraftwagen transportieren insgesamt 143 t Kies. Der eine LKW faßt 1,5mal soviel wie der andere. Insgesamt sind 31 volle Fuhren des kleinen und 27 volle Fuhren des größeren LKW erforderlich.
Wieviel Tonnen Kies faßt jeder dieser beiden Wagen?

12. Bei der Darstellung eines Körpers in der Zweitafelprojektion sind sämtliche Bezeichnungen weggelassen worden.
Ist diese Darstellung (siehe Bild) eindeutig, oder gibt es mehrere Körper mit dem gezeichneten Grund- und Aufriß?

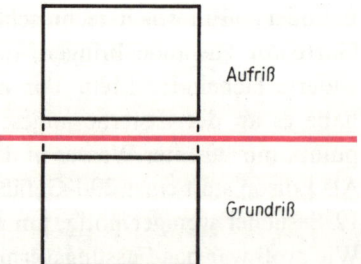

26

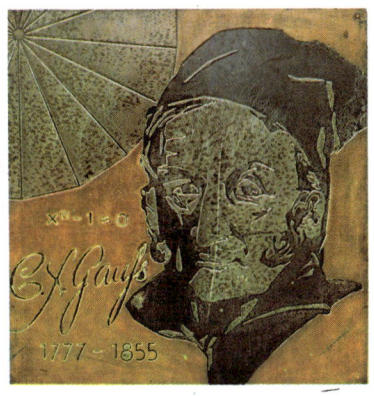

13. Wieviel Gepäckträger muß ein Forscher, der einen sechstägigen Marsch durch eine Wüste antreten will, bei sich haben, wenn jeder von ihnen nur einen Nahrungsvorrat und Wasser für vier Tage für eine Person mitführen kann?

14. Im »Haus der Unterhaltsamen Wissenschaft« in Leningrad steht eine Wandtafel. Sie fordert auf, alle 17 Brücken, die das abgebildete Territorium der Stadt Leningrad miteinander verbinden, der Reihe nach zu überschreiten, ohne über eine von ihnen mehr als einmal zu gehen.
Ist das möglich?

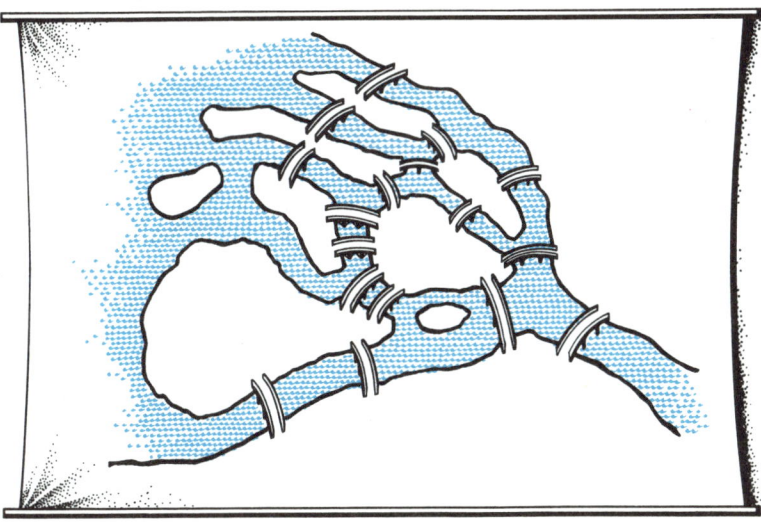

15. Der Holzbestand eines Waldes nimmt in einem Jahr durchschnittlich um 4% zu. Nehmen wir an, daß sich der Holzbestand in einem guten Jahr um 5%, in einem ungünstigen Jahr um 3% vermehrt.

Um wieviel Prozent ist der Holzbestand nach zwei Jahren angewachsen, wenn auf ein gutes Jahr ein ungünstiges folgt?

16. Ein Dienstleistungsbetrieb stellt Kopien von einem Original aus einem Archiv her und berechnet für 3 Kopien 6 Mark, für 5 Kopien 9 Mark und für 9 Kopien 15 Mark.

Wie wurde der Preis berechnet? (Der Preis setzt sich aus einem Grundpreis und einem Herstellerpreis zusammen.)

17. Ein Buch zählt 152 Seiten. Auf jeder Seite sind durchschnittlich 45 Zeilen zu je 68 Schriftzeichen.

Wie viele Seiten beansprucht derselbe Text, wenn bei Verwendung einer größeren Schrift nur 32 Zeilen mit je 51 Schriftzeichen auf einer Seite Platz haben?

18. Der Nektar, der von Bienen gesammelt wird, besteht zu ungefähr 70% aus Wasser. Der Honig, den die Bienen daraus produzieren, enthält ungefähr 17% Wasser.

Wieviel Nektar ist erforderlich, um ein Kilogramm Honig zu erhalten?

19. Wir haben 1 000 000 Stahlkugeln, von denen jede einen Durchmesser von 1 mm hat.

Können sie, in einer Schachtel verpackt, von einem Mann getragen werden?

Pfiffige KNOBELEIEN

1. In einer alten Aufgabensammlung wird das »Urteil des Paris«
folgendermaßen beschrieben: Die Göttinnen Hera, Aphrodite und
Athene fragten den klugen Paris, wer von ihnen die Schönste sei.
Sie selbst machten zuvor folgende Aussagen:

Aphrodite: »Ich bin die Schönste«. (1)

Athene: »Aphrodite ist nicht die Schönste.« (2)

Hera: »Ich bin die Schönste.« (3)

Aphrodite: »Hera ist nicht die Schönste.« (4)

Athene: »Ich bin die Schönste.« (5)

Paris, der am Wegrand ausruhte, hielt es nicht der Mühe wert,
das Tuch, das seine Augen vor den Sonnenstrahlen schützte, zu
entfernen. Er sollte aber genau eine der drei Göttinnen als die
Schönste feststellen. Dabei setzte er voraus, daß alle Aussagen dieser
Schönsten wahr, alle Aussagen der beiden anderen Göttinnen jedoch
falsch sind.

Konnte Paris unter dieser Voraussetzung die von ihm geforderte
Feststellung treffen? Wenn ja, wie lautet diese?

2. »Abrakadabra« ist ein Zauberwort, das in vergangenen Zeiten
in Amulette eingraviert wurde, um deren Träger vor Krankheit
und Unglück zu bewahren. Ob wir nun dieses Wort oder das
Wort »Mathematik« — anders gegliedert — verwenden, die Frage
soll die gleiche sein:

```
              A                        M
            B B B                     A A
          R R R R R                  T T T
        A A A A A A A               H H H H
      K K K K K K K K K            E E E E E
    A A A A A A A A A A A        M M M M M M M
      D D D D D D D D D        A A A A A A A A
        A A A A A A A        T T T T T T T T T
          B B B B B        I I I I I I I I I I
            R R R        K K K K K K K K K K K
              A
```

Auf wieviel Arten läßt sich jedes der beiden Wörter lesen?

3. »Wohin eilst du?«

»Zum 6-Uhr-Zug. Wieviel Minuten sind es noch bis zur Abfahrt?«

»Vor 50 Minuten waren seit 3 Uhr viermal soviel Minuten verflossen wie (jetzt) bis zur Abfahrt verblieben.«

Wie spät war es?

4. Am Mittagstisch sitzen ein Großvater, eine Großmutter, zwei Väter, zwei Mütter, vier Kinder, drei Enkel, ein Bruder, zwei Schwestern, zwei Söhne, zwei Töchter, ein Schwiegervater, eine Schwiegermutter und eine Schwiegertochter.

Wie viele Teller werden mindestens benötigt?

5. Ein Rangierproblem: Die Lokomotive soll den Bahnhof in der rechten oberen Ecke erreichen. Dazu muß sie die bezifferten Weichen kreuzen, manche vorwärts, manche rückwärts. An einigen Stellen blockieren Hindernisse die Strecke.

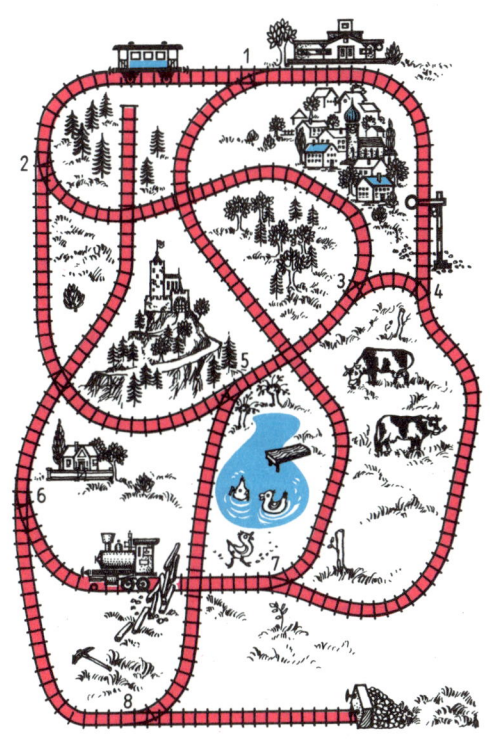

Auf welchem Wege gelangt die Lokomotive schließlich in den Bahnhof?

6. In der U-Bahn sitzen fünf Mädchen nebeneinander. Annette sitzt von Babette genauso weit entfernt wie von Colette. Dorette sitzt von Annette genauso weit entfernt wie von Colette.

Zwischen welchen ihrer besten Freundinnen sitzt denn nun die schöne Jeanette?

7. Um eine gedachte natürliche Zahl erraten zu können, läßt man sie mit der nächstgrößeren (d. h. dem Nachfolger) multiplizieren und von dem Produkt die gedachte Zahl subtrahieren.
Wie erhält man aus dem Ergebnis die gesuchte Zahl?

8. a) Es sind im oberen magischen Quadrat die neun Potenzen so zu ordnen, daß die Produkte in jeder Reihe, Spalte und Diagonale gleich sind.
Wer schafft das am schnellsten?

2^1	2^2	2^3
2^4	2^5	2^6
2^7	2^8	2^9

b) Es sind im unteren magischen Quadrat die neun Terme so zu ordnen, daß ihr Produkt in jeder Reihe, Spalte und Diagonale stets a^3b^3 beträgt.
Man setze dann für $a = 2$ und $b = 3$ ein!

1	a	a^2
b	ab	a^2b
b^2	ab^2	a^2b^2

9. Hans erzählt: »Die vierziffrige Autonummer des Autos meines Mathematiklehrers ist sehr leicht zu merken. Sie ist symmetrisch, und die Quersumme ist so groß wie die aus den ersten zwei Ziffern gebildete Zahl.«
Wie lautet die Autonummer?

10. Aus den mit *A* bis *D* bezeichneten Bildern der jeweils unteren Reihe ist dasjenige herauszufinden, das man in das leere Quadrat (rechts oben) einsetzen kann, so daß damit die obere Reihe folgerichtig fortgesetzt wird.

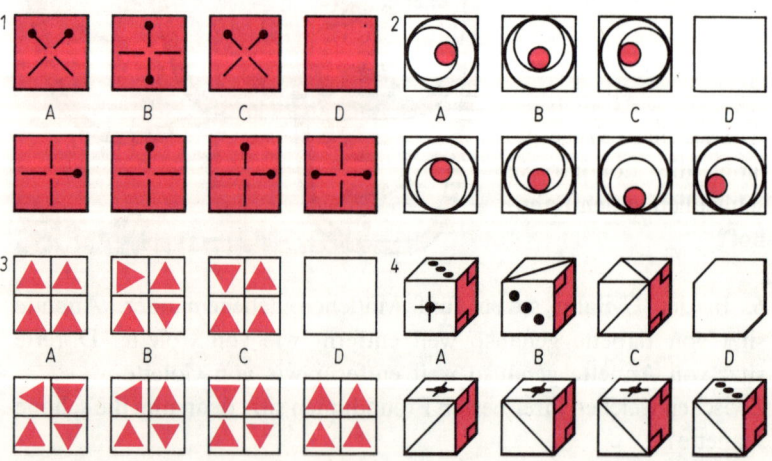

32

11. Monika sagt zu Marie-Luise: »Nenne mir eine dreistellige natürliche Zahl, von deren Ziffern keine Null ist und keine zwei einander gleich sind! Notiere sie und schreibe darunter sämtliche dreistelligen Zahlen, die durch Umstellen der Ziffern der genannten Zahl entstehen können!« Ehe Marie-Luise die Summe gefunden hatte, sagte Monika bereits das Ergebnis.
Wie konnte sie das Resultat so schnell erhalten?

12. Eine Aufgabe aus der englischen Zeitschrift »Observer«: Sämtliche Tiere sind in die falschen Käfige geraten. Der Wärter soll die Tiere schleunigst in die richtigen Käfige bringen. Da es Raubtiere sind, ist es ausgeschlossen, daß zwei von ihnen gleichzeitig in denselben Käfig oder in den gemeinsamen Außenkäfig getrieben werden.

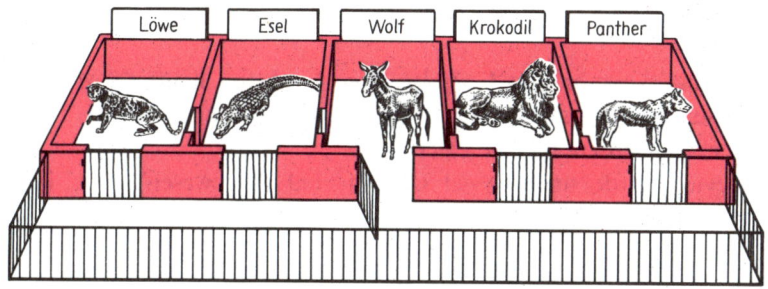

Welches ist die geringste Zahl von Umbesetzungen, die der Wärter durchführen müßte, um die Tiere in ihre Käfige zu dirigieren?

13. Barnard, englischer Publizist für unterhaltsame Mathematik, nannte dieses bei uns als »Windspiel« bekannte System »Äquilaber« (das ist ein Begriff, zusammengesetzt aus »Äquilibristik« und »Kandelaber«).
Welche beiden Gegenstände halten das System (bestehend aus Fischen, Kugeln, Glöckchen und Waagebalken bzw. Kombinationen davon) anstelle des Fragezeichens in der Schwebe?
Das Gewicht der Fäden bleibt dabei unberücksichtigt, nicht aber das der Waagebalken.

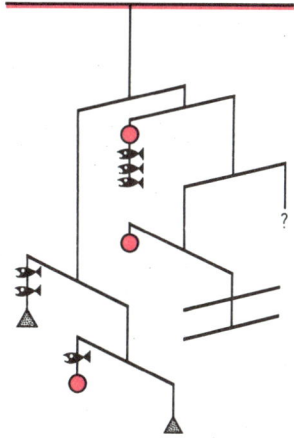

33

14. Bei einem Würfelspiel gelte folgende Regel: Wenn man eine gerade Zahl würfelt, bekommt man so viele Pluspunkte, wie die gewürfelte Augenzahl anzeigt. Würfelt man dagegen eine ungerade Zahl, so gibt es entsprechend viele Minuspunkte. Jemand würfelt nun fünfmal hintereinander; zwei Augenzahlen sind gleich, alle anderen voneinander verschieden. Am Ende heben sich Plus- und Minuspunkte auf.
Welche Augenzahlen wurden gewürfelt?

15. Welchen mathematikintensiven Beruf haben sie?
(1) BEN RICH, ZAUE
(2) P. HEYSE, GORKI
(3) PEER FABRII-CHARTE, KARTHAGO
(4) CHE DARK, REIMS

16. Eine Aufgabe von L. Euler: Ein Amtmann kauft Pferde und Ochsen für insgesamt 1770 Taler. Er zahlt für ein Pferd 31 Taler, für einen Ochsen aber 21 Taler.
Wieviel Pferde und wieviel Ochsen sind es gewesen? Hat diese Aufgabe mehrere Lösungen?

Streifzug durch die
ARITHMETIK

Mit der Renaissance gelangte im 16. Jahrhundert auch die Mathematik zur Blüte. Vieta (1540 bis 1603) hatte den entscheidenden Schritt getan, als er das algebraische Rechnen formalisierte, indem er sowohl in der Algebra als auch in der Trigonometrie für bekannte und unbekannte Größen Buchstaben (Variablen) einführte. Dank der Arbeiten Vietas konnten algebraische Methoden auf Probleme angewendet werden, bei denen sich Größen durch Zahlen ausdrücken ließen. Numerische Berechnungen konnten jetzt sehr viel leichter durchgeführt werden.

Großes Verdienst kommt auch Michael Stifel (1487 bis 1567) zu. Im Jahre 1544 erschien seine »Arithmetica integra« (Vollständige Arithmetik), die aus drei Bänden besteht. Mit diesem Werk legte der Verfasser eine methodisch ausgefeilte Zusammenstellung der mathematischen Kenntnisse seiner Zeit vor.

An den Anfang der nun folgenden Aufgaben sei eine Aufgabe von Michael Stifel gestellt:

1. Die Summe zweier Zahlen beträgt 19, die Summe ihrer Quadrate 205.
Um welche Zahlen handelt es sich?

2. Es seien x und y natürliche Zahlen.
Man ersetze in den folgenden sechs Beispielen jeweils das Sternchen durch eines der Zeichen »>«, »<« oder »=« so, daß wahre Aussagen entstehen.
a) Wenn $x > 8$, so $x + 3 * 10$.
b) Wenn $60 \cdot x = 50 \cdot y$, so $x * y$.
c) Wenn $5 \cdot x > 10$ und $y > x$, so $y * 3$.
d) Wenn $x > y$, so $y + 2 * x + 5$.
e) Wenn $x > y$, so $60 - x * 75 - y$.
f) Wenn $y < 5$, so $3 \cdot y * 17$.

3. Gesucht sind zwei verschiedene natürliche Zahlen, die folgenden Bedingungen genügen:
a) Das geometrische Mittel aus diesen Zahlen ist um 4 größer als die kleinere der beiden Zahlen.
b) Das arithmetische Mittel aus diesen Zahlen ist um 6 kleiner als die größere der beiden Zahlen.

4. Man untersuche, ob es natürliche Zahlen gibt, die die folgenden Eigenschaften haben:
Bei der Division einer solchen Zahl
durch 3 ergibt sich der Rest 1,
durch 4 ergibt sich der Rest 2,
durch 5 ergibt sich der Rest 3,
durch 6 ergibt sich der Rest 4.
Falls solche Zahlen existieren, ist die kleinste natürliche Zahl anzugeben, die diese Eigenschaft hat.

5. Die Summe zweier natürlicher Zahlen beträgt 90. Die Summe aus 25% des ersten und 75% des zweiten Summanden beträgt genau 30.
Berechne die beiden Zahlen!

6. Die Variablen a, b, c des Terms
$$\frac{a \cdot (c - b)}{b - a}$$
sollen mit den Zahlen 13, 15 bzw. 20 so belegt werden, daß der Wert des Terms gleich einer positiven ganzen Zahl ist.

7. Welchen Wert besitzt der Term
$a(a + 2) + c(c - 2) - 2ac$,
wenn $a - c = 7$ gilt?

8. Gegeben sei der Grundbereich
$U = \{3, 4, 5, 6, 7, 8, 9\}$ mit den Mengen $A = \{4, 6, 7\}$ und $B = \{4, 5, 6, 8\}$.
Es sind die folgenden Mengen durch Aufzählen ihrer Elemente anzugeben!
a) $A \cup B$ c) $\bar{B} = U \setminus B$ e) $A \setminus B$
b) $A \cap B$ d) $\bar{U} = U \setminus U$

Rätselhaftes — mathematisch ausgedrückt

Ein spezielles
magisches Quadrat

x	$x + y - 10$	$4z - x$
$x + z$	y	z
$z + y - x$	$2z + y - x$	$2z$

Für x, y und z sind natürliche Zahlen so einzusetzen, daß die Summe der drei Zahlen jeder Zeile, jeder Spalte und jeder Diagonale die gleiche ist. Die Lösung kann dadurch überprüft werden, daß die 4 Zahlen in den Eckfeldern gerade sind und eine Folge bilden, deren Summe das Vierfache der Zahl im Mittelfeld beträgt.

Zahlenkreuzrätsel

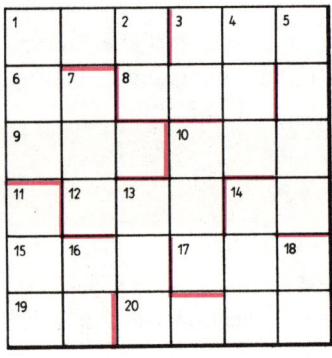

Der Dresdner Mathematiker K. Heinrich stellt folgendes Rätsel: In jedes der 36 Felder ist eine der Ziffern 0, 1, 2, ..., 9 einzutragen. Die dabei entstehenden zwei-, drei- und vierstelligen Zahlen reichen jeweils von dem numerierten Feld aus waagerecht nach rechts bzw. senkrecht nach unten bis zur nächsten markierten Trennungslinie bzw. bis zum Rand. Sie sind aus den folgenden Angaben zu ermitteln:

Waagerecht: 1. Vielfaches von 3w, 3. 3s zum Quadrat, 6. Vielfaches der Quersumme von 7s, 8. Quersumme wie bei 16s, 9. Vielfaches der Quadratwurzel aus 14s, 10. Vielfaches von 14w, 12. wie bei 9w, 14. Primzahl, 15. sowohl Quadrat- als auch Kubikzahl, 17. wie 14s, 19. Primzahl, 20. hat die Quersumme 3s;

Senkrecht: 1. Produkt von 14w und 18s, 2. Vielfaches von 16s, 3. Kubikwurzel von 5s, 4. Vielfaches von 3w, 5. vorwärts wie rückwärts gelesen die gleiche Zahl, 7. Primzahl, 10. Vielfaches von 14w, 11. Vielfaches von 19w, 13. Primzahl, 14. wie 17w, 16. Quadratwurzel aus 15w, 18. Primzahl (w bedeutet waagerecht, s bedeutet senkrecht).

9. Für welche natürlichen Zahlen a, b, x, y, z erhält man wahre Aussagen? Es ist stets die vollständige Lösungsmenge anzugeben.

a) $5 < a < 60$
b) $(x + 3) \cdot 4 = 4 \cdot x + 12$
c) $(5 \cdot y) + y \cdot 4 = y \cdot 9$
d) $30 - (z \cdot z) = z$
e) $3 \cdot (b + 1) < 10$

Noch Fragen . . .?
Der englische Physiker P. A. M. Dirac war es gewöhnt, sich immer klar und deutlich auszudrücken. Am Ende seines Vortrags fragte er: »Gibt es noch Fragen?« Ein Zuhörer meldete sich: »Ich habe die Herleitung dieser Formel nicht verstanden!« Darauf Dirac: »Das ist keine Frage, sondern eine Feststellung. Gibt es noch Fragen?«

---

10. Es sind alle zweistelligen natürlichen Zahlen zu ermitteln, die gleich dem Dreifachen ihrer Quersumme sind.

11. Für die Variablen a und b sind Ziffern einzusetzen, so daß eine wahre Aussage entsteht (gleiche Variablen entsprechen gleichen Ziffern):
$(a + a) + 3(b + b) = a^a + b^a$.

12. Das Produkt aus dem Vorgänger und dem Nachfolger einer natürlichen Zahl n sei 2208.
Man ermittle n!

13. Welche natürlichen Zahlen x und y erfüllen die Gleichung
$$\frac{1}{x} + \frac{1}{y} + \frac{1}{xy} = 1 ?$$

14. Kann man in den Gleichungen
$a + b + c = d + e + f = g + h + i$
anstelle der neun Variablen die neun Ziffern 1, 2, 3, . . ., 8, 9 verwenden?

15. Wie viele Möglichkeiten gibt es, in der Ungleichung $a < b$ die Variablen a und b durch die natürlichen Zahlen von 0 bis 20 so zu ersetzen, daß die Ungleichung dabei stets erfüllt wird?

16. Für welche natürlichen Zahlen $a > b > 0$ ist die Ungleichung
$\dfrac{a + b}{a - b} > a \cdot b$ erfüllt?

17. Man versuche, je zwei Zahlen anzugeben, für die gilt:
(1) $\dfrac{1}{2} : x > \dfrac{1}{2}$,   (2) $7 : t < 7$,   (3) $\dfrac{3}{2} : z^4 = \dfrac{3}{2}$.

18. Es ist die Lösungsmenge der Ungleichung
$x^2 + (x + 1)^2 + (x + 2)^2 > (x + 3)^2 + (x + 4)^2 + (x + 5)^2$
im Bereich der reellen Zahlen zu ermitteln.

19. Man ermittle die Lösungsmenge der nachstehenden Gleichung:
$(x^2 + x + 1)(2x^2 + 2x - 3) = -3(1 - x - x^2)$.

20. Es sind alle geordneten Paare (x, y) natürlicher Zahlen anzugeben, für die das Ungleichungssystem
$x + y < 4$ (1)
$2x + 5y > 10$ erfüllt ist.   (2)

21. Gegeben seien die Gleichungen
$7x + 5y - z = 8$ und $y + z = 11$.
Es sind alle geordneten Zahlentripel $[x, y, z]$ natürlicher Zahlen x, y und z zu ermitteln, die beide Gleichungen erfüllen.

Unterhaltsame
GEOMETRIE

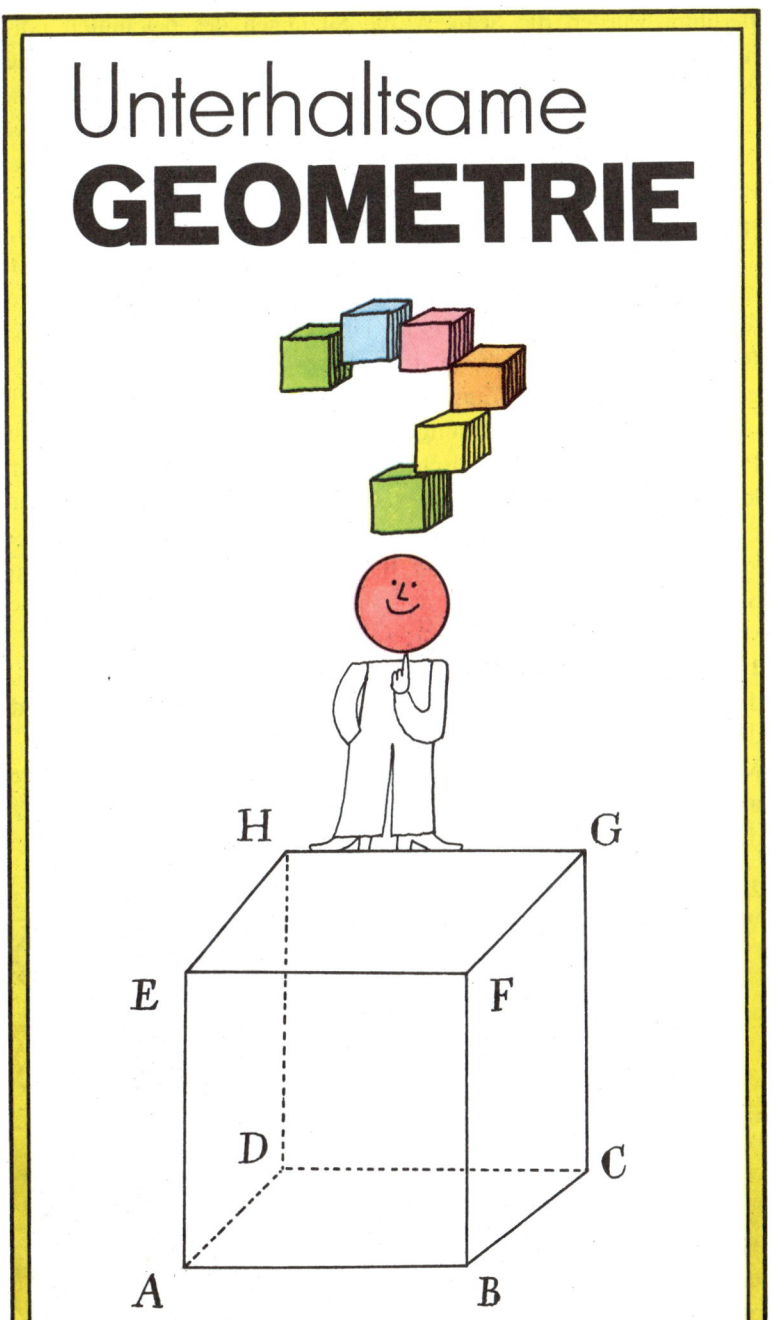

Berühmt wurden die Séances, die Sitzungen des bekannten polnischen Mathematikers Stefan Banach (1892 bis 1945). Er lud seine Anhänger, mathematisch interessierte Wissenschaftler und Studenten, in das Schottische Kaffee in Lwow ein, um mit ihnen interessante, oft kuriose mathematische Ideen und Probleme zu diskutieren. Banach verstand es, bei seinen Schülern in dieser zwanglosen Atmosphäre, bei Musik, beim Trubel der Hauptstraße vor dem Lokal, die Hemmungen bei jung und alt abzubauen. Der Disput wurde oft sehr heiß. Man schrieb — zum Ärger der Kellner — auf die weißen Marmorplatten der Tische. Um Streit zu vermeiden, besorgte Banach ein großes Buch, in dem alle begonnenen Lösungen festgehalten und Zug um Zug vervollständigt wurden. Für besonders elegante oder originelle Lösungen setzten Teilnehmer der Tischrunde Preise aus. Sie lagen zwischen einer Tasse Mokka und einer lebenden Gans. Gern gesehener Gast dieser Gesprächsrunde war der durch zahlreiche Aufgaben der Unterhaltungsmathematik bekannt gewordene enge Freund Banachs, der Mathematiker Hugo Steinhaus. Wir wollen uns an einem seiner gestellten Probleme versuchen:

1. Mit Hilfe eines Lineals soll die Raumdiagonale eines Ziegelsteins, der die Form eines Quaders hat, gemessen werden, d. h. der Abstand der am weitesten auseinanderliegenden Ecken.
Man gebe ein praktisches Verfahren zur Messung dieser Diagonale an, das sich z. B. in einem Betrieb anwenden läßt. Den Lehrsatz des Pythagoras wollen wir nicht benutzen!

2. Gegeben sind zwei Würfelnetze (1) und (2).

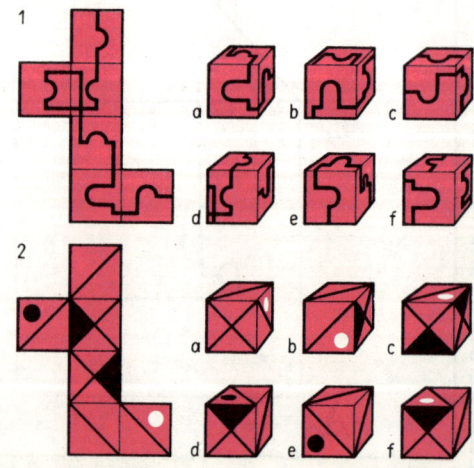

Welche der abgebildeten Würfel kann man aus ihnen falten?

3. a) Teile die Fläche des abgebildeten Trapezes, das Teil eines gleichseitigen Dreiecks ist, in vier deckungsgleiche Teile!

b) Teile die Fläche des abgebildeten konkaven Sechsecks in vier deckungsgleiche Teile!

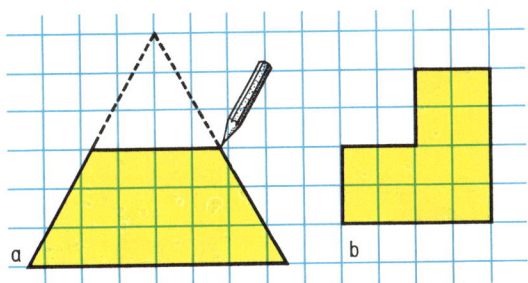

4. Bilde aus den jeweils vorgegebenen Netzen einen (allseits geschlossenen) Würfel!

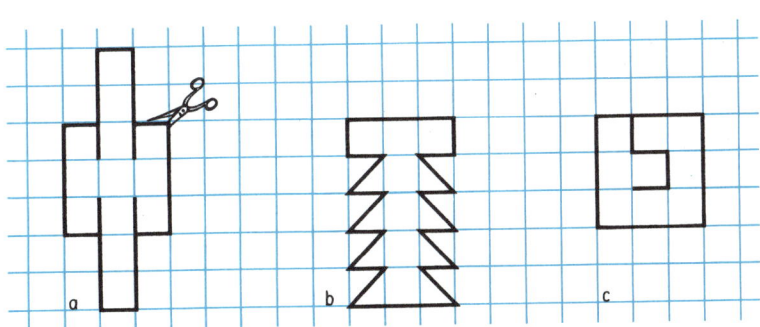

5. Von welchem Mädchen ist der Brief, dessen Umschlag aufgefaltet wurde?

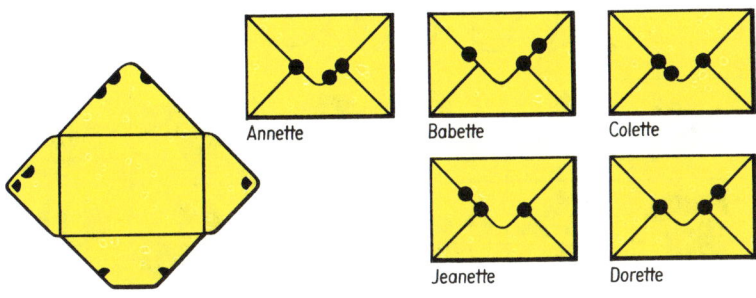

43

Größen gesucht

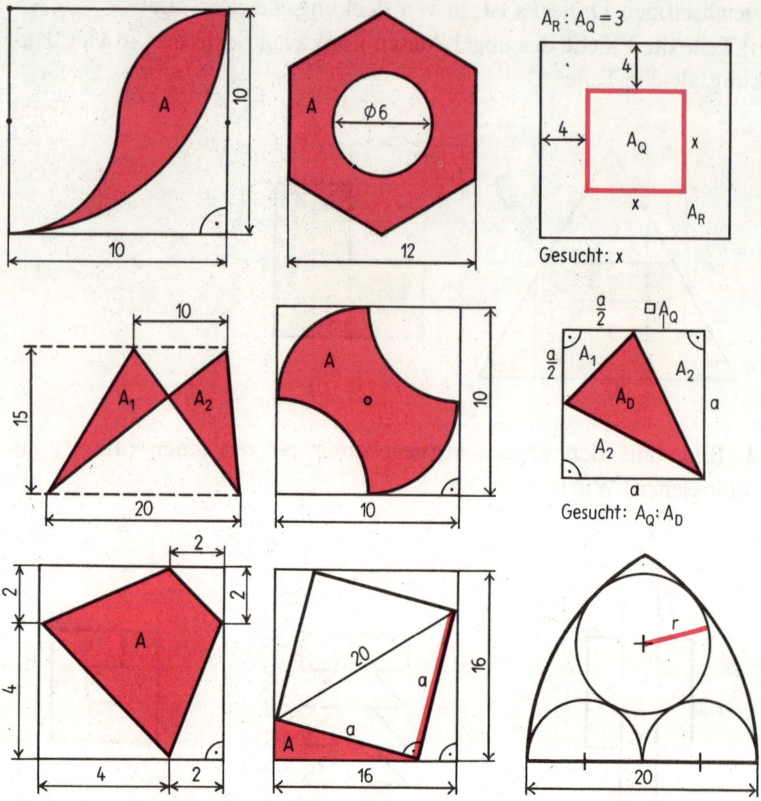

$A_R : A_Q = 3$

Gesucht: x

Gesucht: $A_Q : A_D$

---

6. Gegeben seien die mit a, b, c, d bzw. e bezeichneten Figuren. Sie wurden in Teile zerlegt (Bild 1 bis 12).
Es ist jedesmal herauszufinden, welche Figur zerlegt wurde.

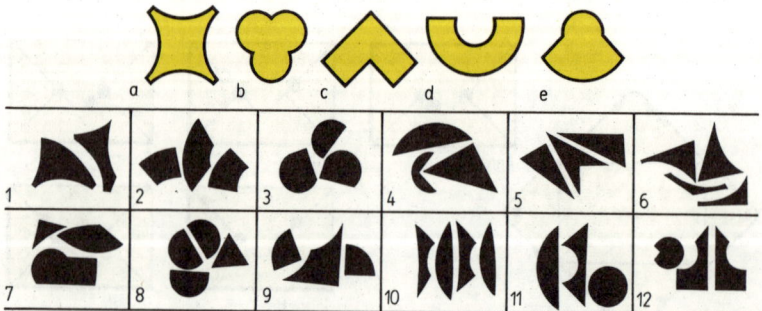

44

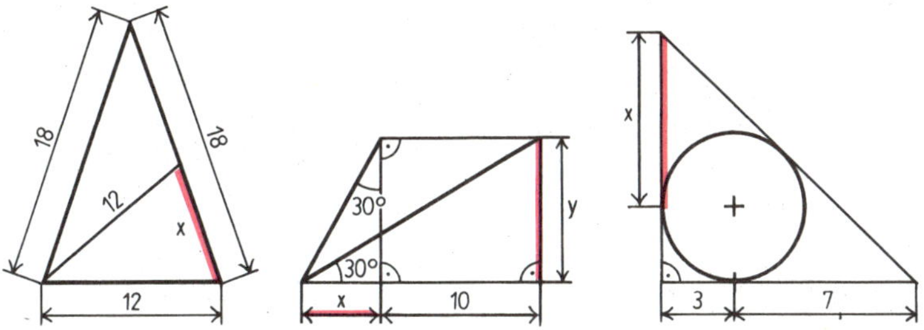

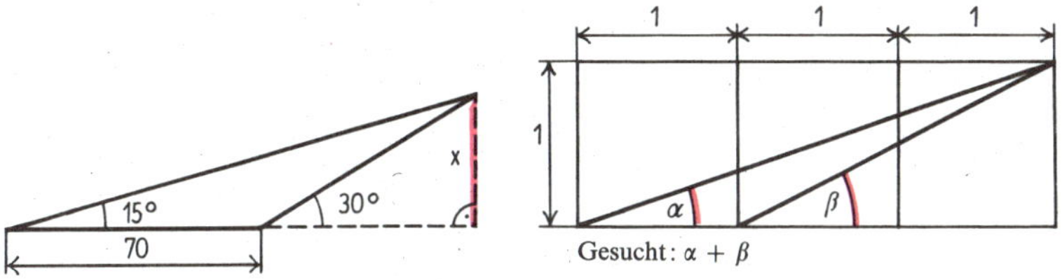

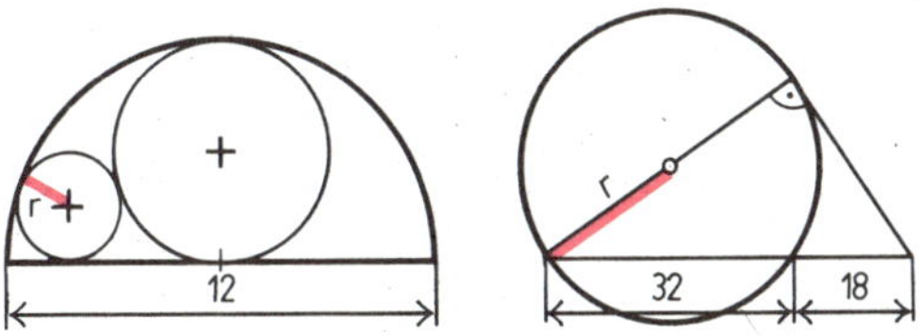

Gesucht: $\alpha + \beta$

Die mit Rot
bezeichneten Größen
sind jeweils gesucht.

7. Man suche einen Weg von einem der beiden mit einem Kreis versehenen Würfel zum anderen, also von der rechten Seite nach der linken oder umgekehrt: Man darf nur in waagerechter oder senkrechter Richtung in immer so vielen Schritten ziehen, wie der Würfel, bei dem man angekommen war, Augen zeigt. (Wenn z. B. dieser Würfel 5 Augen zeigt, darf man

45

5 Schritte gehen, zeigt er nur 2, dann nur 2.) Bei jedem neuen Zug darf man die Richtung wechseln. Kann man in der gewählten Richtung nicht genügend Schritte gehen, so hat man offenbar die falsche Richtung gewählt und muß es in der anderen versuchen.

8. Wie kann man durch Falzen, Kniffen und natürlich etwas Nachdenken eine vorgegebene Quadratfläche so falten, daß die Fläche eines regelmäßigen Sechsecks entsteht? (Länge und Größe der Sechseckfläche spielen keine Rolle!)

9. Jemand hat vier Stäbe: *A*, *B*, *C* und *D*; ihre Längen werden entsprechend mit *a*, *b*, *c* und *d* bezeichnet. Die Stäbe *A* und *B* sind zusammen ebenso lang wie der Stab *C*. Der Stab *B* ist so lang wie die Stäbe *A* und *D* zusammen. Schließlich weiß man, daß der Stab *D* nur $\frac{2}{3}$ der Länge von *C* hat.

Man wähle als Längeneinheit *a* und bestimme die Längen *b*, *c* und *d* in Abhängigkeit von *a*.

10. Wir wollen uns aus einem Bogen ein 16seitiges Heftchen herstellen und dabei die Seiten numerieren. Dabei ist zu beachten, daß gerade Seitenzahlen stets unten links und ungerade stets unten rechts stehen müssen.
Wer schafft es am schnellsten?

11. Zwei benachbarte Ecken eines Schachbretts *ABCD* sind mit dem Mittelpunkt der gegenüberliegenden Seite zu verbinden. Dadurch entsteht ein Dreieck *AMD*. Es ist rechnerisch zu zeigen, wie viele Felder des Schachbretts keinen Punkt des Dreiecks *AMD* in ihrem Inneren enthalten.

Training an moderner
MATHEMATIK

> *Schwöre nicht auf den Namen deines Lehrers, sondern führe Beweise an!*
>
> *Sprichwort aus dem Altertum*

1. In einer Wiederholungsstunde über Zahlenbereiche werden u. a. folgende Aussagen gemacht:
(1) Das Produkt zweier verschiedener irrationaler Zahlen ist stets wieder eine irrationale Zahl.
(2) Die Summe zweier verschiedener irrationaler Zahlen ist stets wieder eine irrationale Zahl.
(3) Die Summe einer rationalen und einer irrationalen Zahl ist stets eine irrationale Zahl.
Man entscheide von jeder dieser Aussagen, ob sie wahr oder falsch ist!

2. Man beweise, daß das doppelte Produkt aus einer beliebigen natürlichen Zahl und ihrem Nachfolger um 1 kleiner ist als die Summe aus der Quadratzahl dieser natürlichen Zahl und der Quadratzahl ihres Nachfolgers!

3. Gegeben sei eine aus sieben kongruenten Quadratflächen zusammengesetzte Rechteckfläche.
Es ist zu beweisen, daß für die Winkel der Größen α und β der Figur gilt:
$26{,}5° < \alpha + \beta < 26{,}6°$!

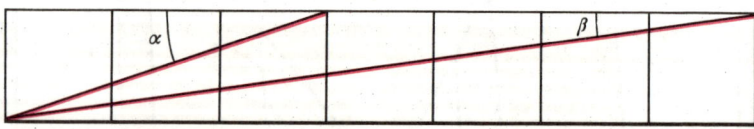

4. Ein Student wollte gegen Ende des Studienjahres seinen Zensurendurchschnitt abschätzen. Er konnte mit der Note 1 in sechs Fächern, mit der Note 3 in drei Fächern rechnen. Die Noten in den übrigen drei Fächern waren noch ungewiß, aber es war mit Sicherheit nur mit den Noten 2 oder 3 zu rechnen.
Wie müssen sie ausfallen, damit der Zensurendurchschnitt besser als 2 wird?

5. Zwei Probleme aus der Feder von Isaak Newton:

a) Eine geometrische Folge hat drei Glieder. Die Summe dieser Glieder ist 19, und die Summe ihrer Quadrate ist 133. Es sind die Glieder zu bestimmen.

b) Eine geometrische Folge hat vier Glieder. Die Summe der beiden äußeren Glieder ist 13, die Summe der beiden mittleren ist 4. Es sind die Glieder zu bestimmen.

6. Gegeben sei die lineare Ungleichung $\dfrac{8(2x + 1)}{5} < 3x + 2$.

a) Man löse diese Ungleichung im Bereich der reellen Zahlen!

b) Man gebe die folgenden Mengen durch Aufzählung ihrer Elemente an:

(1) Die Lösungsmenge L_1 obiger Ungleichung im Bereich der natürlichen Zahlen;

(2) die Lösungsmenge L_2 obiger Ungleichung im Bereich der ganzen Zahlen mit $-4 < x < 1$;

(3) die Menge M aller Elemente, die sowohl in L_1 als auch in L_2 vorkommen!

7. An einer Haltestelle verkehren die Straßenbahnlinien »5« (alle fünf Minuten), »2« (alle fünf Minuten), »10« (alle zehn Minuten), »15« (alle 15 Minuten).

Wie groß ist die Wahrscheinlichkeit für einen an der Haltestelle Wartenden, daß der zuerst kommende Wagenzug der Linie »2« angehört?

Wie Hund und Katze

a) Wenn man die folgenden 14 Funktionen in dem gegebenen rechtwinkligen kartesischen Koordinatensystem graphisch darstellt, so entsteht ein »Kunstwerk«!

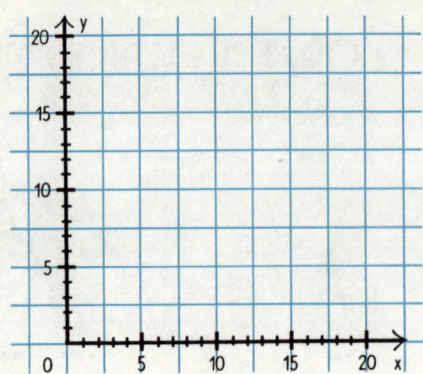

Funktion	Definitionsbereich	Zuordnungsvorschrift
f_1	$4 \leqq x \leqq 8;\ x \in P$	$y = \dfrac{x}{2} + 11$
f_2	$8 \leqq x \leqq 9;\ x \in P$	$y = 2x - 1$
f_3	$9 \leqq x \leqq 10;\ x \in P$	$y = -7x + 80$
f_4	$10 \leqq x \leqq 16;\ x \in P$	$y = 10$
f_5	$16 \leqq x \leqq 18;\ x \in P$	$y = x - 6$
f_6	$4 \leqq x \leqq 5;\ x \in P$	$y = -2x + 21$
f_7	$5 \leqq x \leqq 8;\ x \in P$	$y = \dfrac{x}{3} + \dfrac{28}{3}$
f_8	$8 \leqq x \leqq 10;\ x \in P$	$y = -6x + 60$
f_9	$11 \leqq x \leqq 15;\ x \in P$	$y = 6$
f_{10}	$16 \leqq x \leqq 18;\ x \in P$	$y = 6x - 96$
f_{11}	$\dfrac{9}{2} \leqq x \leqq 7;\ x \in P$	$y = \dfrac{2}{5}x + \dfrac{51}{5}$
f_{12}	$11 \leqq x \leqq 12;\ x \in P$	$y = -6x + 72$
f_{13}	$14 \leqq x \leqq 15;\ x \in P$	$y = 6x - 84$
f_{14}	$x = 8$	$y = 14$

b) Das Bild stellt eine Katze dar. Man finde dazu die 14 Funktionen!

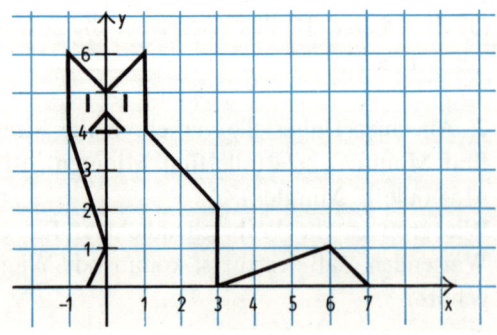

8. Satz: Schneidet eine Ebene ε zwei zueinander parallele Ebenen α und β, so sind die Schnittgeraden parallel.

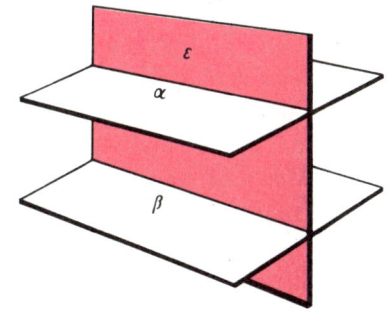

Wer findet die Lösung in mengentheoretischer Darstellung?

9. Man denke sich einen Würfelschnitt derart, daß die Schnittfigur ein gleichseitiges Dreieck ist, dessen Seiten die Diagonalen je einer Quadratfläche des Würfels sind.
a) Man zeichne den Würfel mit Schnitt in einer Schrägbilddarstellung!
b) Man konstruiere die Netze beider Teilkörper!
c) Wie heißt der kleinere der beiden Teilkörper?

10. Vor uns liegt eine Schachtel mit 160 runden Bleistiften. Sie sind in acht Reihen zu jeweils 20 Stück untergebracht.
Wie ist der Inhalt umzuordnen, daß die Schachtel mehr Bleistifte derselben Größe aufnehmen kann?

11. In einem Betrieb gibt es drei Abteilungen: *A*, *B* und *C*. Über die Teilnahme an der Besprechung eines neuen Projekts ist folgendes vereinbart worden:

1. Wenn die Abteilung *B* nicht an der Besprechung teilnimmt, dann nimmt auch die Abteilung *A* nicht daran teil.

2. Wenn die Abteilung *B* an der Besprechung teilnimmt, dann nehmen auch die Abteilungen *A* und *C* teil.

Die Frage lautet, ob unter diesen Bedingungen die Abteilung *C* zur Teilnahme an der Besprechung verpflichtet ist, wenn an ihr Abteilung *A* teilnimmt.

12. Es seien *A*, *B*, *C* Mengen, die natürliche Zahlen als Elemente enthalten und von denen folgendes bekannt ist:

(1) $A \cup B = \{2, 3, 4, 5, 6, 7, 8\}$,   (4) $A \cap B = \{2\}$,

(2) $B \cup C = \{1, 2, 4, 6, 8\}$,   (5) $B \cap C = \{2, 4, 8\}$,

(3) $C \cup A = \{1, 2, 3, 4, 5, 7, 8\}$,   (6) $C \cap A = \{2\}$.

Man gebe die Elemente jeder der Mengen *A*, *B*, *C* an.

Hinweis: Unter $A \cup B$ versteht man die Vereinigung der Menge *A* mit der Menge *B*, d. h. die Menge aller und nur der Elemente, die der Menge *A* oder der Menge *B* angehören. Unter $A \cap B$ versteht man den Durchschnitt der Mengen *A* und *B*, d. h. die Menge aller Elemente und nur dieser, die sowohl der Menge *A* als auch der Menge *B* angehören. (Gleiche Elemente werden dabei nur einmal aufgenommen.)

13. Eine Streichholzschachtel hat die Kanten mit den Längen $a = 17\,\text{mm}$, $b = 37\,\text{mm}$, $c = 52\,\text{mm}$. Es ist eine Zehnschachtelpackung zu entwerfen, für die möglichst wenig Einschlagpapier verbraucht wird.

14. In einem Naherholungsgebiet sollen vier Plätze *A*, *B*, *C* und *D* durch Wege verbunden werden. Dabei wird folgendes gewünscht:

a) Von *A* und *B* sollen je drei, von *C* zwei und von *D* vier Wege ausgehen.

b) Von jedem Platz sollen genau drei Wege ausgehen.

c) Von *A* soll ein Weg und von den restlichen Plätzen sollen je zwei Wege ausgehen.

Ist jeder Vorschlag realisierbar? Müssen sich die Wege kreuzen?

Im **Alltag** eingefangen

70

75

80

85

10 m

53

> *Kein Mensch lernt denken, indem er die fertig geschriebenen Gedanken anderer liest, sondern dadurch, daß er selbst denkt.*
>
> *Mihai Eminescu*

1. Wir belauschen ein Gespräch:
... »Dann bist du doppelt so lange im Schachklub wie ich?«
»Ja, genau.«
»Doch ich erinnere mich, du hast früher einmal gesagt, dreimal so lange.«
»Vor zwei Jahren? Damals war es auch dreimal, doch jetzt ist es nur noch zweimal so lange.«
Wieviel Jahre ist jeder der beiden Belauschten im Schachklub?

2. Drei eifersüchtige Ehemänner befinden sich mit ihren Frauen am nördlichen Ufer eines Flusses und wollen mit Hilfe eines Bootes, das nur zwei Personen faßt, auf das südliche Ufer übersetzen.
Wie ist die Überfahrt vorzunehmen, wenn sich dabei niemals eine Frau ohne ihren Mann in alleiniger Gesellschaft eines anderen Mannes befinden soll?

3. Beim Verkauf von Weihnachtsstollen zu 12 Mark bzw. 17 Mark je Stück wurden innerhalb kurzer Zeit 478 Mark eingenommen. Dabei wurden von jeder Sorte mehr als 10 Stollen verkauft.
Wieviel Stollen je Sorte waren das?

4. Der englische Kinderbuchautor Lewis Carroll (Pseudonym des Mathematikers C. L. Dodgson), bekannt durch das Buch »Alice im Wunderland«, stellte in einer Erzählung folgende Aufgabe:
In einem besonders hartnäckigen Kampf verloren 70 von 100 Personen ein Auge, 75 ein Ohr, 80 eine Hand und gar 85 ein Bein.
Wieviel Personen verloren sowohl Auge wie Ohr, Hand und Bein?

5. In einer Schweizer Gesellschaft von 50 Personen deutscher Muttersprache sprechen
20 Personen noch italienisch,
35 Personen noch französisch.
10 Personen beherrschen keine der beiden Fremdsprachen.
Wie viele Personen sprechen französisch und italienisch?

6. Ference Pataki, das ungarische Rechenphänomen, das in Sekundenschnelle die Multiplikation zweier dreistelliger Zahlen im Kopf ausführt, stellte 1979 im Fernsehen die folgende Aufgabe: »Multiplizieren Sie die Zahl ihrer Schuhgröße mit 2, addieren Sie zu diesem Produkt 39, multiplizieren Sie die so erhaltene Summe mit 50, addieren Sie zu diesem Produkt 29, subtrahieren Sie von dieser Summe nunmehr die Zahl ihres Geburtsjahres.« Zur Überraschung aller Mitspieler war das Ergebnis eine vierstellige Zahl; die Zahl aus ihren ersten beiden Ziffern lieferte die Schuhgröße, die Zahl aus den beiden letzten Ziffern das derzeitige Alter der Mitspieler am Ende des Kalenderjahres.
Wer findet die allgemeine Lösung zu diesem Problem?

7. Ein Päckchen wurde auf drei verschiedene Arten verschnürt. Für welchen Fall benötigt man am wenigsten, für welchen am meisten Bindfaden? Es gilt $a + b > 2c$!

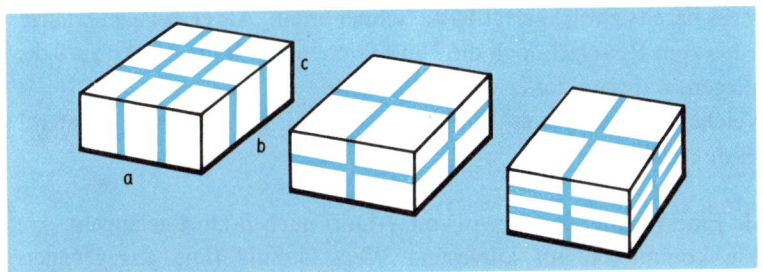

8. Ein gastronomisches Rätsel.
Stellt der Koch auf jeden Tisch
eine Portion leckren Fisch,
so fehlt einer Portion Fisch
ein Tisch.
Stellt der Koch auf jeden Tisch
zwei Portionen Fisch,
so bleibt ein Tisch ohne Fisch.
Wieviel Tische?
Wieviel Fische?

9. Ein Zirkus senkt seine Eintrittspreise um 30 % und nimmt trotzdem gleich viel ein wie zuvor.
Um wieviel Prozent ist dafür die Besucheranzahl gestiegen?

55

10. Ein Baum wirft einen Schatten von 10 m Länge. Ein Stab von 3 m Länge hingegen wirft einen Schatten von 2 m Länge. Wie hoch ist der Baum?

11. Wie sieht der Verlauf der Schnürsenkel von der anderen Seite aus?

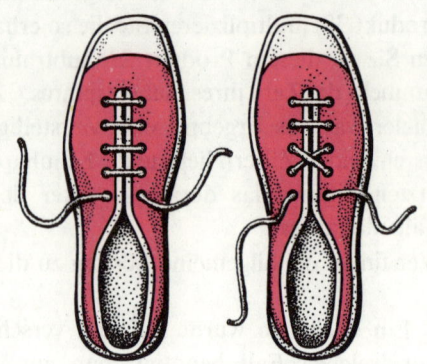

12. Nachdem ein Fahrgast in einem D-Zug die Hälfte seines Reiseweges bereits zurückgelegt hatte, schlief er ein. Als er erwachte, hatte er bis zum Reiseziel noch die Hälfte derjenigen Bahnstrecke zurückzulegen, während der er geschlafen hatte.
Welchen Teil der gesamten Reisestrecke war der Fahrgast schlafend gefahren?

13. Eine Wandergruppe will von *A*-Dorf nach *B*-Dorf gelangen. Wie kommt sie auf kürzestem Wege dahin? (Die angegebenen Zahlen geben die benötigten Wegzeiten in Minuten an.)

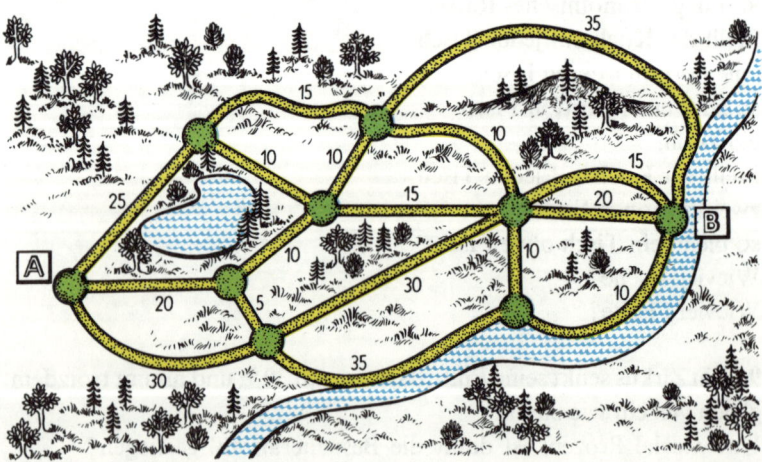

14. Welche Teile wurden von unserem eifrigen Bastler wirklich herausgesägt, welche hat der Zeichner hinzugefügt?

15.

E B E R	S C H I	A A L	I C H
E N T E	+ L I F T	+ A A L	+ B I N
G A N S	———	———	———
+ R A B E	S C H Ö N	F A N G	L I E B
———			
T I E R E			

16. Eine Lotterie schüttet 45 % der Einnahmen als Gewinne aus. Wie viele Lose zu 5 Franken müssen verkauft werden, wenn 87 300 Franken als Gewinne ausgezahlt werden sollen?

57

17. Der Vorstand eines Gartenvereins macht sich Gedanken über die Höhe der Eintrittspreise, die für ein Gartenfest festgelegt werden sollen. 150 Mitglieder und etwa 100 Gäste werden erwartet. Die Kosten sind mit etwa 420 Mark veranschlagt. Man beschließt, sie vom Eintrittsgeld zu bestreiten. Die Einnahmen sollen nach Möglichkeit aber etwas mehr als 420 Mark betragen, die Gäste bezahlen mehr als die Mitglieder, höchstens aber doppelt soviel.
Welche Möglichkeiten gibt es, die Eintrittspreise festzulegen?

18. Auf wieviel verschiedene Weisen kann man den Betrag von 1 Mark wechseln, falls eine ausreichende Anzahl von 1-Pf-, 5-Pf-, 10-Pf-, 20-Pf- und 50-Pf-Stücken zur Verfügung steht?

19. Ein Alltagsproblem aus früherer Zeit: Der Rechenmeister Jacob von Koburg (Frankfurt 1599) stellt seinen Zuhörern folgende Aufgabe:
Es mögen zwei Städte 260 Meilen voneinander entfernt sein. Aus jeder der Städte gehen mit gleichem Startzeitpunkt zwei Boten einander entgegen. Der eine geht täglich zwei Meilen mehr als der andere. Nach 12 Tagen treffen sie sich.
Wie viele Meilen ist jeder Bote täglich gegangen?

Berühmte Mathematiker
kommen zu WORT

> *Nichts ist getan, wenn noch etwas zu tun übrig ist.*
>
> *Carl Friedrich Gauß*

1. Bhaskara I (6. Jh.) Es sollen natürliche Zahlen bestimmt werden, die bei der Division durch 2, 3, 4, 5 und 6 den Rest 1 ergeben und darüber hinaus durch 7 teilbar sind.

2. Brahmagupta (um 600) In seinem Mathematikbuch »Cutta ca« schreibt der indische Mathematiker: Vermindert man die Anzahl der Tage um 1, dividiert diese letzte Anzahl durch 6 und addiert 3, so ergibt sich ein Fünftel der ursprünglichen Tagesanzahl.

3. Al-Huwärizmi (etwa 780 bis 850) Die Zahl 10 ist so in zwei Summanden zu zerlegen, daß deren Quadrate die Summe 58 ergeben.

4. Alcuin (um 800) Kaiser Karl war den Wissenschaften zugewandt und versuchte ständig, Studien zu fördern. Bei der Tafelrunde unterhielt man sich mit Rechenrätseln, um den Geist zu schärfen. Der berühmteste der Männer dieser Runde war der Mathematiker Alcuin, ein gelehrter Mönch aus Irland. Er veröffentlichte Elementarschriften der Mathematik.
Eine seiner Scherzfragen stellte Alcuin dem Kaiser, als sie nach der Jagd zusammensaßen. Er bat den Kaiser, ihm doch zu verraten, nach wieviel Sprüngen sein Jagdhund einen in der Entfernung von 150 Fuß voraushoppelnden Hasen einholt, wenn der Hase bei jedem Sprung 7 Fuß zurücklegt, der Jagdhund hingegen schneller ist und 9 Fuß weit springt. Karl war nicht nur ein geschickter Jäger, sondern auch ein guter Rechner.
Wie lautete seine Antwort?

5. Leonardo von Pisa (13. Jh.) Dieser italienische Mathematiker, der unter dem Namen Fibonacci, d. h. Sohn des Bonacci, bekannt ist, stellte in seinem Buch »Liber abaci« folgendes Problem: Es sind fünf Wägestücke anzugeben, mit denen man jeden Gegenstand mit einer Masse von 1 bis 30 kg wägen kann, wenn die Maßzahlen ganzzahlig sind. Die Wägestücke sollen dabei nur auf einer Waagschale liegen. Wie muß man die Wägestücke wählen?

6. Abul Wefa (10. Jh.) Der persische Mathematiker stellte folgende Aufgabe: Zwei von drei flächengleichen Quadraten sind so in acht Teile zu zerschneiden, daß diese zusammen mit dem dritten Quadrat zu einem einzigen großen Quadrat zusammengefügt werden können.

7. Bhaskara II. (1114 bis 1185) Aus einem Strauß Lotosblumen sind ein Drittel, ein Fünftel bzw. ein Sechstel der Blumen den Göttern Shiva, Vishnu bzw. Surya geweiht, während ein Viertel der Blumen Bhavani dargeboten wird. Die verbliebenen sechs Blumen erhält ein angesehener Würdenträger.
Es soll die Anzahl der Lotosblumen genannt werden, die ursprünglich zum Strauß gebunden waren!

8. Manuel Moschopulos (um 1453) Figurierte Zahlen dieses Gelehrten aus Konstantinopel: Setze die Zahlen 0, 1, 2, . . ., 14, 15 so in die Eckpunkte der Quadrate ein, daß auf jedem geschlossenen 4teiligen Streckenzug der Abbildung die Summe 30 erscheint!

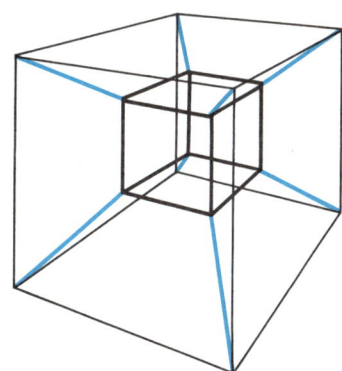

9. Adam Ries (1492 bis 1559) Drei Gesellen wollen ein Haus für 204 Gulden kaufen. Der erste gibt dreimal so viel Gulden wie der zweite, dieser viermal so viel wie der dritte.
Berechne, wieviel Gulden jeder von ihnen zu bezahlen hat!

61

10. Johannes Butev (1549 u. Z.) In seinem Mathematikbuch »Logistica« schreibt er: Wenn der Preis von 9 Äpfeln, vermindert um den Preis einer Birne, 13 Denare beträgt und der Preis von 15 Birnen, vermindert um den Preis eines Apfels, 6 Denare beträgt, so frage ich, wie teuer ein Apfel und wie teuer eine Birne ist.

11. Georg Mohr (1640 bis 1697) Der dänische Mathematiker zeigte, wie man die folgende Aufgabe nur mit Zirkel und Lineal lösen kann: Man teile die Peripherie eines gegebenen Kreises in vier gleich lange Kreisbögen.

$$\varphi\left(\frac{\sum a_\nu x_\nu}{\sum a_\nu}\right) \leqq \frac{\sum a_\nu \varphi(x_\nu)}{\sum a_\nu}$$

12. Isaak Newton (1642 bis 1727) In seiner »Arithmetica universalis« schrieb Newton: »Beim Studium erweisen sich die Aufgaben oft nützlicher als die Regeln.« U. a. stellte er dazu die folgende Aufgabe: Drei Wiesen haben Flächeninhalte von $3\frac{1}{3}$ ha, 10 ha und 24 ha. Auf allen drei Wiesen seien die Wachstumsbedingungen gleich. Das Gras wachse in gleicher Dichte; auch der Zuwachs sei gleich. Auf der ersten Wiese werden 12 Ochsen für die Dauer von vier Wochen gehalten, auf der zweiten Wiese 21 Ochsen für die Dauer von 9 Wochen. Dann ist das Gras soweit abgefressen, daß die Weide ruhen muß.

Wieviel Ochsen können auf der dritten Wiese für die Dauer von 18 Wochen gehalten werden?

3. Kreuz oder Kreis Zwei Spieler versuchen, auf kariertem Papier eine zusammenhängende Kette von vier Kästchen zu erreichen (waagerecht, senkrecht oder diagonal). Jeder Spieler darf abwechselnd ein Kästchen markieren. Zur Unterscheidung genügt es, wenn ein Spieler ein Kreuz, der andere einen Kreis zeichnet.

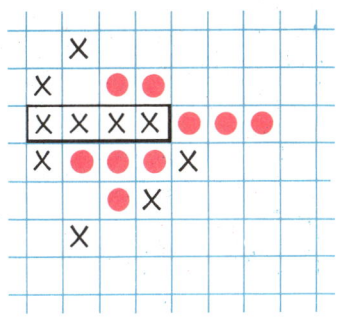

Sieger ist, wer zuerst eine Kette von vier Kästchen fertig hat. Unser Bild zeigt eine Gewinnstellung für Kreuz.

4. Halma-Solo Ziel der Aufgabe ist es, die auf den schwarzen Punktfeldern stehenden 13 schwarzen Steine mit möglichst wenig Zügen auf die roten Punktfelder zu bringen. Wer das in weniger als 20 Zügen erreicht, kann mit dem Anfangserfolg zufrieden sein. Schließlich suche man die beste Lösung mit 13 Zügen.
Versperrt ein Stein den Weg, so darf er übersprungen werden.

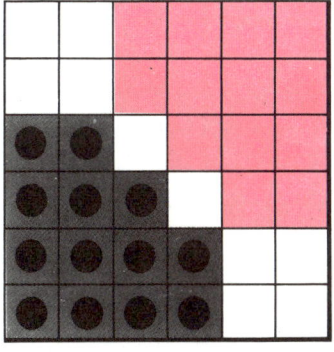

5. Fuchs und Gänse Vier »Gänse« werden auf der einen Grundlinie des Schachbretts aufgestellt (siehe Bild). Wie beim Damespiel können sie diagonal nach einer Richtung ziehen.

Der »Fuchs« steht ihnen auf einem Feld gegenüber. Er kann, wie eine Dame, vorwärts und rückwärts (diagonal) ziehen. Schlagen ist nicht erlaubt. Er hat den ersten Zug. Sein Ziel ist, die gegenüberliegende Seite zu erreichen. Der »Gänsehirt«, sein Gegner, hat dann gewonnen, wenn seine »Gänse« den »Fuchs« fangen können, bevor er auf der gegenüberliegenden Linie angelangt ist.

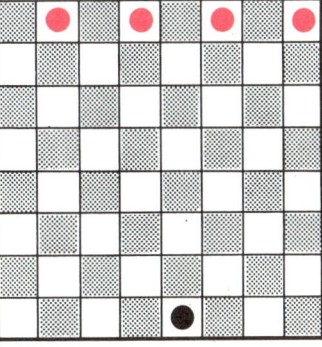

67

25+15 cent 30+10 cent 40+20 cent 50+20 cent

6. Pendomino Lege die 12 Teile so zusammen, daß ein Rechteck entsteht. Zum Selbstbau: Jedes Teil besteht aus 5 Quadraten, z. B.

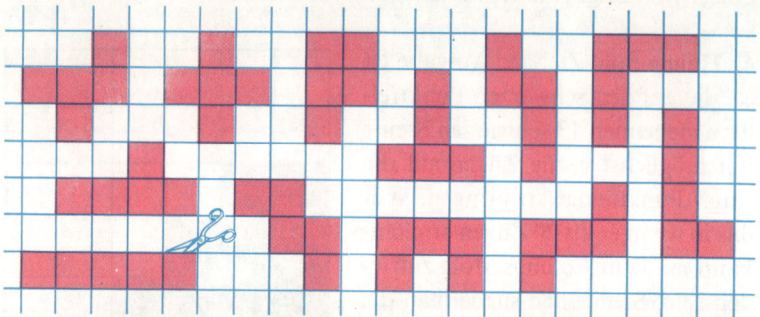

7. Wachsamkeit Inspektor Leclerc stellt 6 Polizisten auf die Wege des Stadtparks derart, daß sie sämtliche Wege übersehen können. Einer steht auf Nr. 34.
Wo müssen die anderen aufgestellt werden?

8. Magisches Quadrat Ein chinesisches Domino-Spiel enthält drei Steine mit den Zahlen 1 bis 9.

Stelle sie so zusammen, daß ein magisches Quadrat entsteht!

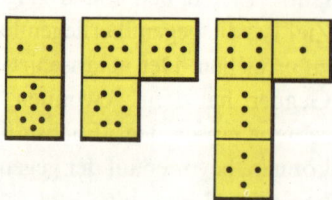

68

9. Schiebespiel aus Frankreich Man baue sich aus Holz oder Pappe ein Schiebespiel beliebiger Größe. Das Spielbrett ist rechteckig, die Seiten verhalten sich wie $a:b = 4:5$. Man braucht 4 quadratische Schubhölzer der Seitenlänge $\frac{a}{4}$, 6 rechteckige Hölzer mit den Seitenlängen $\frac{a}{4}$ und $\frac{a}{2}$, ein quadratisches Holz mit der Seitenlänge $\frac{a}{2}$. Damit kann man sich ähnliche Aufgaben stellen wie die folgenden beiden:

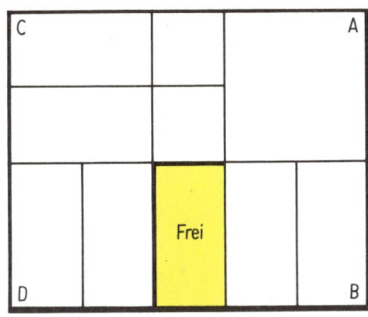
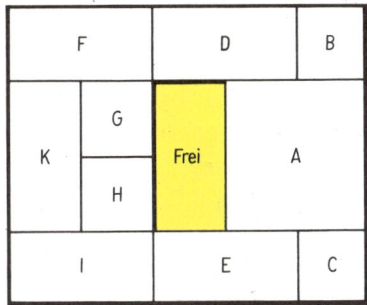

a) Das Holz an der Ecke A ist in die Ecke D zu bringen.
b) Das Holz A ist an die Stelle der Hölzer G, H und K zu bringen.
Die Aufgaben sind nicht leicht zu lösen! Es sind unter Umständen bis zu 100 Züge notwendig.

10. Irrgarten Man suche den Weg von A nach B, aber jeweils nur in der Reihenfolge der angegebenen 4 Symbole:

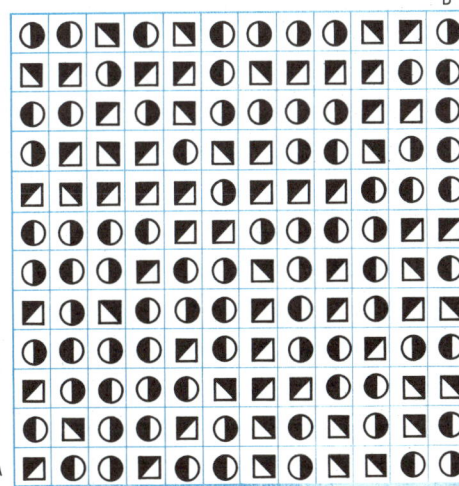

69

11. Augenzahl erraten Johannis Hemelingii, kaiserlich gekrönter Poet und bestallter Schreib- und Rechenmeister der Stadt Hannover, schreibt 1729 in seinem Buch: »Arithmetischer Anfang« an seine begierigen Liebhaber:

Jemand habe mit drei Würfeln gewürfelt. Willst du erraten, wieviel Augen auf jedem Würfel zu sehen sind, so lasse ihn folgendes ausrechnen: Die Augenzahl des ersten Würfels ist zu verdoppeln, und anschließend ist 5 zu addieren. Die Summe ist mit 5 zu multiplizieren, und zum Produkt sind 10 zu addieren. Zu diesem Ergebnis ist die Augenzahl des zweiten Würfels zu addieren und die Summe mit 10 zu multiplizieren. Schließlich sind noch die Augen des dritten Würfels zu addieren.

Nun lasse Dir die Summe nennen, subtrahiere im Kopf 350 und aus dem Ergebnis (eine dreistellige Zahl) kannst Du die Augenzahl der Würfel (d. i. jede Ziffer der Zahl) ansagen. (Beispiel siehe in den Lösungen.)

12. Wir würfeln Wir werfen mit einem roten und einem weißen Würfel. Wie viele verschiedene Ergebnisse können wir erzielen? (Ein Wurf mit einer roten 1 und einer weißen 4 soll etwas anderes bedeuten als einer mit einer roten 4 und einer weißen 1.)

Wie viele Ergebnisse sind möglich, wenn wir beide Würfel farblich nicht unterscheiden können?

Geschwindigkeit ist
WEG durch ZEIT

> *Ich liebe die Mathematik nicht nur, weil sie auf die Technik anwendbar ist, sondern auch, weil sie schön ist.*
>
> *Ròzsa Péter*

1. Wer kennt ihn nicht, einen der schnellsten Züge der Welt? Sein Name ist Hikari (Schall), und er befährt die Strecke Tokio — Jawata, die eine Länge von 1176,5 km hat. Seine Spitzengeschwindigkeit liegt bei 210 $\frac{km}{h}$, und die Zugfolge beträgt in der Hauptverkehrszeit 12 min.

Man berechne die Durchschnittsgeschwindigkeit dieses Zuges zwischen Tokio und Nagoya (Abfahrt 6^{00} h, Ankunft 8^{03} h). Die Entfernung zwischen diesen beiden Orten beträgt 366 km. Welche Durchschnittsgeschwindigkeit erreicht der Zug auf der gesamten Strecke Tokio — Jawata (Abfahrt 6^{00} h, Ankunft 13^{01} h)?

2. Im Rahmen einer Fernsehsendung wird eine Opernaufführung in der Mailänder Scala nach Norwegen übertragen.

Wer hört als erster den Beginn der Oper: der Besucher der Mailänder Scala, der in der Oper 25 m von der Bühne entfernt sitzt, oder der Fernsehzuschauer in Hammerfest? (Entfernung Mailand — Hammerfest rund 2900 km; Übertragungsgeschwindigkeiten: Schall: 340 $\frac{m}{s}$, elektromagnetische Welle: 300000 $\frac{km}{s}$).

3. a) Ein Fallschirmspringer läßt sich, ohne den Fallschirm zu öffnen, 80 m frei fallen.

Welche Geschwindigkeit besitzt er beim Öffnen des Fallschirms, wenn man den Luftwiderstand vernachlässigt?

b) Mit welcher Geschwindigkeit taucht ein Kunstspringer ins Wasser, der vom 5-m-Brett springt?

4. Ein leichtsinniger Motorradfahrer fährt mitten in der Großstadt mit einer Geschwindigkeit von 50 $\frac{km}{h}$ eine abschüssige Straße hinab und prallt, ohne daß er vorher bremsen kann, gegen ein festes Hindernis.

Aus welcher Höhe hat ein Sturz im freien Fall die gleiche Wirkung?

5. Eine Stimmgabel führt harmonische Schwingungen aus. Diese kann man aufzeichnen, indem man die Stimmgabel über eine berußte Glasplatte zieht. Bei einem derartigen Experiment mit einer Stimmgabel, deren Frequenz 440 Hz betrug, wurden 50 Schwingungen gezählt.
In welcher Zeit wurden diese Schwingungen aufgezeichnet?

6. Während der Olympischen Sommerspiele 1976 in Montreal bewältigte die Athletin Johanna Schaller aus der DDR den 100-m-Hürdenlauf der Damen in 12,77 Sekunden. Sie war damit um nur $\frac{1}{100}$ Sekunden schneller als Tatjana Anissimova aus der UdSSR.

Welchen Vorsprung hatte Johanna Schaller gegenüber Tatjana Anissimowa, als sie über die Ziellinie lief, wenn die Laufgeschwindigkeit beider Läuferinnen als konstant angenommen wird?

Prüfungsfragen . . .
Als Student der Universität Göttingen legte der spätere Physiker Max Born bei dem Astronomen Karl Schwarzschild sein Examen ab. Zwischen ihnen kam es zu folgendem Dialog:
Schwarzschild: »Was tun Sie, wenn Sie eine Sternschnuppe sehen?« Born: »Ich wünsche mir etwas.«
Schwarzschild: »Gut, was tun Sie dann?«
Born: »Dann schaue ich auf die Uhr, vermerke die Zeit, bestimme das Sternbild, aus dem die Sternschnuppe kam, die Richtung, wohin sie sich bewegte, die Länge der leuchtenden Flugbahn usw. Dann gehe ich nach Hause und berechne die angenäherte Flugbahn.«
Der Professor stellte keine weiteren Fragen mehr. Er war mit den Antworten seines Prüflings einverstanden.

7. Zwei Segelboote nahmen an einer Wettfahrt teil. Es wurde gefordert, 24 km hin und zurück in kürzester Zeit zu segeln. Das erste Boot durchfuhr die gesamte Strecke mit gleichmäßiger Geschwindigkeit von 20 km pro Stunde. Das zweite Boot bewegte sich hin mit einer Geschwindigkeit von 16 km pro Stunde und zurück mit 24 km pro Stunde.
Warum siegte in der Wettfahrt das erste Boot?

73

Rund um die Uhr

8. Eine Uhr zeigt die Zeit 9^{00} Uhr an.
Stelle fest, in wieviel Minuten der Minutenzeiger den Stundenzeiger einholt!

9. Der Minutenzeiger einer Uhr ist 2 cm lang, der Stundenzeiger
1,5 cm.
Wie groß ist die Geschwindigkeit der Spitze des Minutenzeigers
im Vergleich zur Geschwindigkeit der Spitze des Stundenzeigers?

10. Wievielmal bilden der Stunden- und der Minutenzeiger einer
Uhr im Verlauf von 24 Stunden einen rechten Winkel?

11. Die Uhrzeiger mögen sich gerade in diesem Augenblick dek-
ken.
In wieviel Minuten werden sie einander gegenüberstehen?

12. In der 6. Stunde des Tages sah Klaus auf die Uhr. Den großen
Zeiger trennen vom kleinen Zeiger noch genau 3 Minutenteil-
striche.
Wie spät war es?

13. Welche Geschwindigkeit müssen alle künstlichen Erdsatelliten mindestens haben, wenn sie nicht auf die Erde zurückfallen sollen?

Diese Geschwindigkeit, erste kosmische Geschwindigkeit für die Erde genannt, kann man finden, wenn man annimmt, daß sich der Satellit unmittelbar auf einer Kreisbahn an der Erdoberfläche bewegen würde, natürlich ohne Beachtung der Reibungskräfte. Dann sind der Radius dieser Kreisbahn mit 6378 km und die Fallbeschleunigung mit $9{,}81 \frac{m}{s^2}$ anzunehmen.

14. Der »Pluto« ist der am weitesten entfernte Planet unseres Sonnensystems. Er befindet sich in einem Abstand von rund 5 910 000 000 km = 5,91 Mrd. km von der Sonne.

Wieviel Zeit braucht das Licht, um diese Entfernung zurückzulegen?

(Lichtgeschwindigkeit im Vakuum $300\,000 \frac{km}{s}$)

Man gebe das Ergebnis in Minuten und in Stunden an!

15. Setze für die Buchstaben Ziffern von 0 bis 9 ein! Dabei bedeuten gleiche Buchstaben gleiche Ziffern.

```
    T E M P O
  + T E M P O                 W E G
  + T E M P O               + Z E I T
  ───────────               ─────────
  + H E K T I K               E I L E
```

16. Die Gemeinden A und B und die Stadt C liegen in dieser Reihenfolge an einer Landstraße. Von B aus fährt ein Pferdefuhrwerk morgens 6 Uhr mit einer Durchschnittsgeschwindigkeit von $10 \frac{km}{h}$ nach C. Am gleichen Tag fährt von A aus ein Radfahrer um 7 Uhr mit einer Durchschnittsgeschwindigkeit von $15 \frac{km}{h}$ nach C.

Wieviel Kilometer sind B und C voneinander entfernt, wenn die Entfernung zwischen den Gemeinden A und B genau 5 km beträgt und der Radfahrer 20 Minuten früher ankommt als das Pferdefuhrwerk?

Um welche Uhrzeit und in welcher Entfernung von C überholt der Radfahrer das Pferdefuhrwerk?

75

17. Ein Rodelschlitten geht mit einer Anfangsgeschwindigkeit von $18 \frac{km}{h}$ über die Startlinie und erhält eine gleichmäßige Beschleunigung von $0,8 \frac{m}{s^2}$.

Nach wieviel Sekunden und nach wieviel Metern, von der Startlinie an gerechnet, erreicht er eine Geschwindigkeit von $90 \frac{km}{h}$?

18. Ein Dampfer legt auf einem Fluß eine bestimmte Entfernung bei gleichbleibender Maschinenleistung stromab in 3 Stunden und stromauf in $4 \frac{1}{2}$ Stunden zurück.

In wieviel Stunden durchschwimmt ein nur von der Strömung getragenes leeres Fäßchen diese Entfernung?

19. Ein D-Zug benötigt zum Durchqueren des Tauerntunnels eine Zeit von 7 min 30 s, ein Güterzug eine Zeit von 9 min 30 s.

Die Geschwindigkeit des D-Zuges ist um $4 \frac{m}{s}$ größer als die des Güterzuges.

Berechne die Länge des Tauerntunnels!

20. Zwei Personenzüge fuhren in entgegengesetzter Richtung aneinander vorbei. Der erste Zug hatte eine mittlere Geschwindigkeit von $45 \frac{km}{h}$, der zweite von $36 \frac{km}{h}$. Ein Fahrgast aus dem zweiten Zug stoppte mit seiner Armbanduhr die Vorbeifahrt dieser Züge. Er stellte fest, daß der erste Zug dafür 6 s benötigte.

Wie lang war der erste Zug?

Naturwissenschaftliche
PLAUDEREIEN

2.

12.

11.

1. Ein Ballon aus Frankreich (in Zusammenarbeit mit der UdSSR) soll 1983 in der Atmosphäre der Venus wissenschaftliche Forschungen vornehmen. Ein aus drei Schichten gebildetes Material wird den Anforderungen an die Ballonhülle am besten gerecht. Es besteht aus einer Folie aus aluminisiertem Fluorkarbon, einer Folie aus Polyester und einem Stoff aus Aramidfaser. Diese leichte Hülle hat eine Masse von $240 \frac{g}{m^2}$. Für den Transport der Nutzlast ist ein Ballondurchmesser von 8 m erforderlich.
Man berechne die Masse der Ballonhülle, die kugelförmig sein soll!

2. Ein Bündel von 7 Rohren von je 10 cm Außendurchmesser soll durch ein möglichst kurzes Band zusammengehalten werden.
Wie lang ist dieses Band? (Die Länge der Verknüpfung wird nicht mitgerechnet.)

3. An eine frisch geladene Mopedbatterie (6 V; 4,5 Ah) ist eine Lampe mit den Klemmgrößen 6 V und 0,6 W angeschlossen.
Wie lange leuchtet die Lampe, wenn andere Verbraucher fehlen?

4. Errechne, wie groß die Kräfte sind, die in den mit Großbuchstaben gekennzeichneten Punkten angreifen!

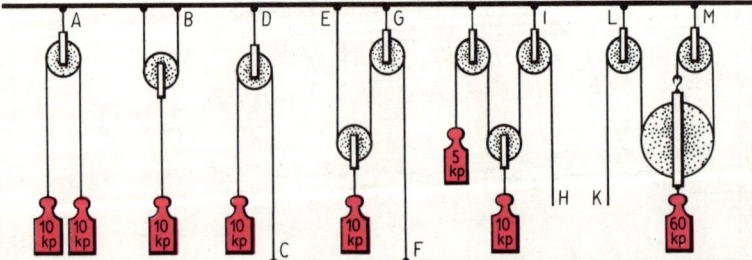

5. Ein Fußball mit der Masse von 700 g erhält bei einem Freistoß eine Geschwindigkeit von $18\frac{m}{s}$.

Man berechne die Schußkraft des Sportlers, wenn man für die Dauer des Stoßes 0,02 s annimmt.

6. Ein Computer hat eine Zykluszeit von 1,3 µs, d. h., er benötigt 1,3 µs für eine Rechenoperation.

Welcher Frequenz entspricht das, und wieviel Rechenoperationen kann er im Schnitt in 1 Minute lösen?

7. Ein elektronischer Taschenrechner ist ein feines Ding. Sekundenschnell können mannigfaltige mathematische Operationen ausgeführt werden. Aber nicht nur das. Er kann auch zum Spielen verwendet werden. Ein unterhaltsames Beispiel findet man, wenn man die folgenden Spielereien betrachtet. Die Lösung ist ganz einfach. Man braucht den Taschenrechner nur um 180° zu drehen, also die Ziffernanzeige auf den Kopf zu stellen, und man erhält das Ergebnis.

Wie heißt ein südländisches Huftier?

Tastenfolge: 7; 3; 5; 3.

Wie heißt der Bestandteil einer Speise?

Tastenfolge: 3; 0; 0; 0; 0; +; 5; 5; 0; 5; =.

Wie heißt der Gegensatz zu dunkel?

Tastenfolge: 7; ·; 1; 0; 0; 0; +; 7; 3; 4; =.

79

8. Eine Last mit einem Gewicht von 981 N (100 kp) wird von zwei Männern mit Hilfe einer Stange transportiert. Der Abstand von Schulter zu Schulter beträgt 2 m.

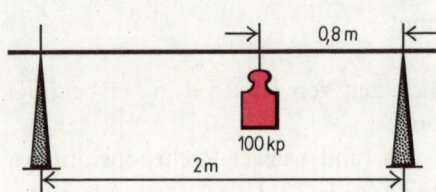

Die Last ist 80 cm von der Auflage des hinten laufenden Mannes an der Stange aufgehängt.
Welche Kraft wirkt auf die Schultern jedes Mannes?

9. Ein Rettungsring aus Kork wiegt 35,3 N (3,6 kp).
Berechne die Tragkraft dieses Ringes! (Dichte von Kork:

$$\varrho_k = 0,2 \ \frac{g}{cm^3} \ .)$$

10. Welche von den 4 Gewichten A, B, C und D werden angehoben und welche nach unten gezogen, wenn der Mann die Kurbel in der angegebenen Richtung dreht?

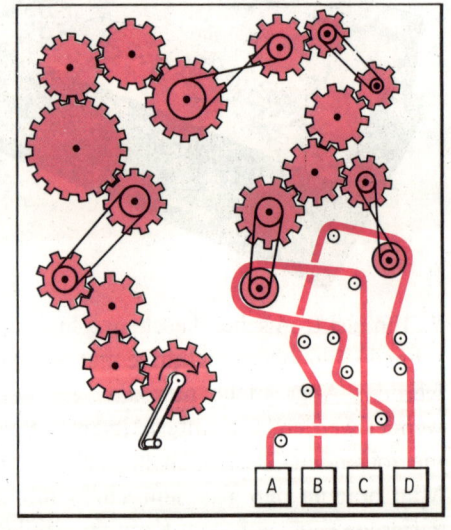

11. Peter wiegt 35 kp (343 N). Bei einem Klimmzug hebt er seinen Körper um 38 cm an.
a) Berechne die Hubarbeit für 6 Klimmzüge!
b) Berechne weiterhin die Hubarbeit, wenn Peter seiner Mutter einen Eimer mit Briketts (Gewicht 10 kp $\approx$ 98,1 N) vom Keller in den ersten Stock (Höhe 7,20 m) schafft!
c) Welche Hubarbeit ist größer?

12. Die Gletscher der Eiszeit brachten Gesteinsmassen nach Mitteldeutschland mit. Als das Völkerschlachtdenkmal im Jahre 1903 in Leipzig errichtet wurde, trug die Bevölkerung 100 der fast rund geschliffenen Steine von den umliegenden Feldern zusammen. Man errichtete daraus eine gerade quadratische Pyramide, deren Grundkante 5 m und deren Seitenkante 6,1 m lang ist. Die Zwischenräume (etwa 45%) wurden mit Beton gefüllt, um der Pyramide einen besseren Halt zu geben.

Es ist die Masse des Gesteins zu berechnen, wenn dessen Dichte $\varrho = 2,6$ g $\cdot$ cm^{-3} beträgt.

13.

V O L V O	M O O N
+ F I A T	M E N
	+ C A N
M O T O R	R E A C H

(1) RADAR = RRR $\cdot$ RRR

(2) RADAR = (RRR)^4

(3) RADAR = $\left(\dfrac{AAA}{A}\right)^A$

14. Ein Theaterglas ist 14 cm lang und soll auf das Fünffache vergrößern.
Welche Brennweite müssen das Okular und das Objektiv haben?

15. Bei einem Fahrrad betrage der Durchmesser des Hinterrades 70 cm, das vordere Kettenrad habe 46 Zähne, das hintere 16 Zähne.
Wie oft muß ein Radfahrer (ohne Verwendung des Freilaufs) die Pedale durchtreten, um 120 km zurückzulegen?

81

16. Gold besitzt die Eigenschaft, daß es sehr dünn ausgewalzt werden kann. Blattgold ist ungefähr $\frac{1}{9000}$ mm dick.

Welche Masse an Gold braucht man für 1 m² Blattgold, wenn die Dichte $\varrho_{Au} = 19{,}3 \frac{g}{cm^3}$ ist?

17. 105 Balken sollen in sechs Lagen so aufeinander geschichtet werden, daß jede Lage einen Balken weniger aufweist als die darunterliegende.

Wie viele Balken müssen in der untersten Lage liegen?

18. Man berechne das Gewicht eines Koffers mit der Masse von 25,00 kg in Newton an einem Ort in Meeresspiegelhöhe,

a) am 45. Breitengrad mit $g = 9{,}81 \text{ ms}^{-2}$,

b) am Äquator mit $g = 9{,}78 \text{ ms}^{-2}$,

c) am Nordpol mit $g = 9{,}83 \text{ ms}^{-2}$!

Heiterer
STUNDENPLAN

> *Arbeitet und suchet, damit ihr findet und nicht in Nachbetung verfallet.*
>
> *Jacob Steiner*

1. Aus dem nachstehenden Stundenplanausschnitt ist zu ermitteln, welche Unterrichtsfächer die vier Lehrkräfte Herr Reichelt, Frau Helmert, Fräulein Fischer und Herr Walter unterrichten, wenn folgendes bekannt ist:

a) Jede Lehrkraft unterrichtet in zwei verschiedenen Fächern.

b) Jede Lehrkraft unterrichtet beide Fächer in beiden Klassen.

c) Fräulein Fischer unterrichtet in den Klassen 5a und 5b am Dienstag nur in den ersten beiden Stunden.

d) Herr Reichelt hat als Fernstudent dienstags seinen Studientag.

e) Frau Helmert unterrichtet montags nur zwei Stunden in der Klasse 5b, die übrige Zeit ist sie im Schulhort eingesetzt.

f) Für den Physiklehrer beginnt die Lehrtätigkeit montags erst von der dritten Stunde an.

	MONTAG		DIENSTAG	
	Klasse 5a	Klasse 5b	Klasse 5a	Klasse 5b
1. Std.	Deutsch	Geographie	Physik	Deutsch
2. Std.	Geschichte	Deutsch	Mathematik	Physik
3. Std.	Sport	Physik	Mathematik	Sport
4. Std.	Geographie	Zeichnen	Deutsch	Mathematik
5. Std.	Physik	Mathematik	Biologie	Deutsch
6. Std.	Zeichnen	Biologie	Sport	—

2. Sport Einem Bahnradsportler wurde in einem Schülersportklub während des Trainings die Trittfrequenz $T = 120 \dfrac{U}{\text{min}}$ und die Übersetzung von 91,8 Zoll vorgegeben.

Welche Zeit benötigt der Sportler zum Durchfahren der Strecke von 200 m, und mit welcher Durchschnittsgeschwindigkeit fuhr er?

(Hinweis: Bei einer Übersetzung von 91,1 Zoll legt der Bahnradsportler bei einer vollen Umdrehung der Tretkurbel 7,26 m zurück.)

84

3. Deutsch Silbenrätsel: a - ab - ad - be - bi - ble - bus - chung - de - de - der - di - e - e - e - eu - fi - ge - glei - gra - i - ko - la - le - ler - les - ment - mo - ne - nen - ner - ni - no - nom - on - on - on - pez - phie - ra - re - rhom - ri - sa - se - szis - tha - ti - ti - ti - tra - un - va.

1. Erklärung, Festlegung   _____
2. Koordinate   _____
3. griechischer Mathematiker   _____
4. Bestandteil einer Menge   _____
5. Anwendungsgebiet der Mathematik   _____
6. Zeichen für beliebige Elemente   _____
7. geometrischer Grundbegriff   _____
8. konvexes Viereck mit vier gleich langen Seiten   _____
9. Rechenoperation   _____
10. Beziehung zwischen mathematischen Objekten   _____
11. Term, der aus zwei Summanden besteht   _____
12. Mathematiker des 18. Jh., geb. in Basel   _____
13. regelmäßiger Polyeder mit 20 Flächen   _____
14. konvexes Viereck mit mindestens zwei parallelen Seiten   _____
15. spezielle Aussageform oder Aussage   _____
16. Begriff aus der Bruchrechnung   _____
17. geometrischer Grundbegriff.   _____

Die Anfangsbuchstaben der Wörter, von oben nach unten gelesen, ergeben ein Wort, das ein modernes Arbeitsgebiet der Verwaltung bezeichnet, in dem auch mathematisches Wissen verlangt wird.

4. Französisch

   O N Z E   sachant que: ONZE est divisible par 11;
 + N E U F   NEUF est divisible par 3;
 _____   et VINGT est divisible par 5.
 V I NGT

5. Geschichte In einer Stadt macht die Zahl der Rentner 40% der wahlfähigen Bevölkerung und 25% der Gesamtbevölkerung aus. Wie sind die Bevölkerungsgruppen Rentner, übrige Erwachsene und noch nicht wahlfähige Kinder und Jugendliche prozentual verteilt? 85

7. Englisch A Dissection Puzzle: A triangle ABC has been dissected into parts, X, Y, Z, along lines through M, the mid-point (centre) of $\overline{AB}$ that are parallel respectively perpendicular to the base $\overline{BC}$. Show how the three pieces can be fitted together to make a rectangle, respectively two different parallelograms.

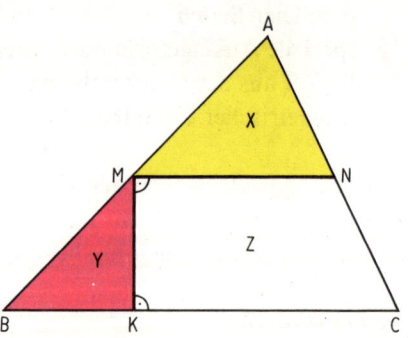

8. Physik a) Welchen Druck übt ein stehender Mensch mit einem Gewicht von 588,6 N (60 kp) auf den Fußboden aus, wenn die Fläche einer Fußsohle 150 cm² beträgt?
Wir beobachten denselben Menschen beim Wintersport.
b) Welchen Druck übt dieser Mensch beim Skilaufen auf die Schneedecke aus, wenn die Länge eines Skis 2 m und die durchschnittliche Breite 10 cm beträgt?
c) Gib für beide Drücke das kleinste ganzzahlige Verhältnis an!

9. Geographie Eine Klasse unternimmt einen Schulausflug. Er führt durch die schönsten Gegenden, doch die Zeit ist knapp. Um zu wissen, wie anstrengend die Tour wird, fertigt ein interessierter Schüler ein Profil an. Er hat darunter Streifen gezeichnet, auf denen die Anstiege der Berge schwarz, die Täler weiß gezeichnet sind. Sehr bald hat die Wandergruppe herausgefunden, welcher der Streifen *A* bis *G* das oben gezeichnete Bergmassiv darstellt.

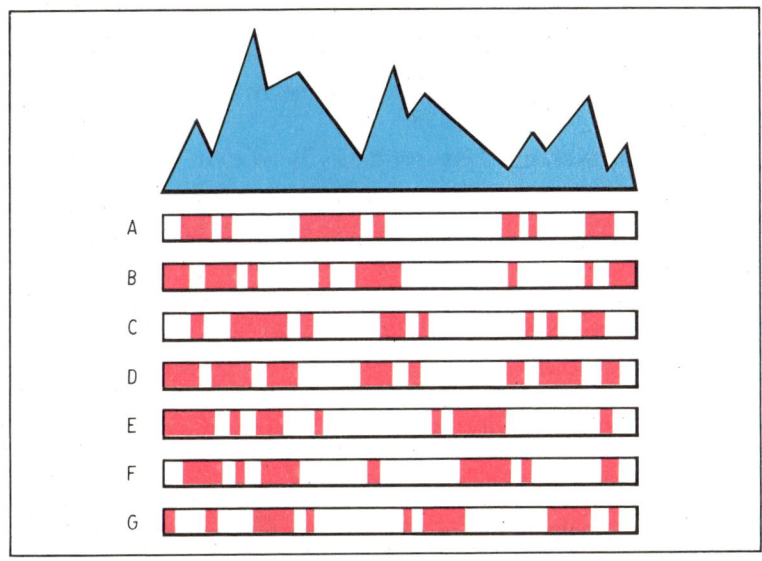

10. Mathematik Ein Lehrer überprüft die Grundkenntnisse durch die folgende unterhaltsame Aufgabe:

$$a - b = c$$
$$: \quad - \quad -$$
$$d \cdot \ e = f$$
$$\overline{\hphantom{g + h}}$$
$$g + h = i \,,$$

wobei *a*, *b*, . . ., *i* folgendes bedeuten soll:

a Summe aller Zahlen von 2 bis 193

b $2^2 \cdot 5^2 \cdot 7^2$

c Arithmetisches Mittel der Zahlen 23 105; 13 830 und 4525

d $\sqrt[3]{17576}$

e 6,25 % von 5248

f $\dfrac{148}{37} = \dfrac{34112}{f}$

g $g^2 = 518400$

h $(h + 4)13 = 59488$

i Kleinstes gemeinsames Vielfaches von 4; 27 und 49

In der Buchhandlung
Luise: »Kann man bei Ihnen eigentlich jedes Buch erhalten, das in der Schule gebraucht wird?«
Verkäuferin: »Natürlich!«
Luise: »Dann geben Sie mir bitte das Lösungsheft Mathematik, Klasse 7!«

11. Biologie Das Herz eines durchtrainierten Sportlers kann in einem kurzen Zeitraum sehr hohe Leistungen vollbringen. Bei Höchstleistungen des Sportlers verrichtet es eine Arbeit von rund 932 J in einer Minute.
Es ist die entsprechende Leistung dieses Herzens zu berechnen!

12. Chemie Eine Gedenkmünze besteht aus einer Silber-Kupfer-Legierung. Sie hat eine Masse von 20,9 g und ein Volumen von 2123 mm^3.
Aus wieviel Teilen Silber und aus wieviel Teilen Kupfer (bezogen auf 1000) besteht die Legierung, aus der die Gedenkmünze angefertigt worden ist?
(Dichte des Silbers 10,5 g · cm^{-3}, des Kupfers 8,92 g · cm^{-3}.)

13. Astronomie In welcher Höhe über der Erdoberfläche muß sich ein Fernseh-Satellit befinden, damit er stets über derselben Stelle der Erde steht?
(Benutze dazu eines der Keplerschen Gesetze und als Vergleichskörper den Mond! Dieser hat eine Umlaufzeit von ca. 27,33 Tagen und einen mittleren Bahnradius von 384000 km.)

Rund um
Zirkel und **Lineal**

1. Am 22. 9. 1836 teilte der Astronom H. C. Schumacher in Altona seinem Freund C. F. Gauß in Göttingen mit, er habe von dem Hamburger Astronomen K. L. Rumker folgende Aufgabe mit Lösung erhalten:

Gegeben ist eine Ellipse und in ihrer Ebene außerhalb von ihr der Punkt *P*. Von diesem Punkt *P* sind ohne Gebrauch eines Zirkels Tangenten an die Ellipse zu zeichnen.

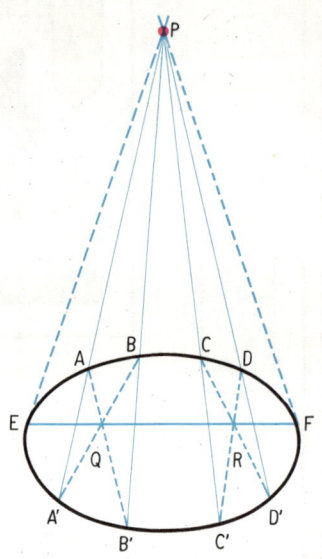

Rumkersche Lösung: Durch *P* werden vier beliebige, die Ellipse schneidende Geraden gezeichnet. Sie schneiden die Ellipse in *A* und *A'*, *B* und *B'*, *C* und *C'*, *D* und *D'*. Nun wird *A* mit *B'*, *B* mit *A'*, *C* mit *D'*, *D* mit *C'* verbunden. Die jeweiligen Schnittpunkte sind *Q* und *R*. Eine Gerade durch *Q* und *R* schneidet die Ellipse in *E* und *F*, den gesuchten Berührungspunkten der Tangente von *P* an die Ellipse.

Schumacher fügte hinzu, offenbar habe Rumker eine Gerade zuviel gezeichnet, denn man könne mit drei Geraden durch *P*, die die Ellipse schneiden, auskommen.

Wenige Tage danach antwortete Gauß, Rumker habe in der Tat zu viele Linien gezogen, und man könne mit drei Linien auskommen. Aber auch das sei noch zuviel — zwei Geraden durch *P*, die die Ellipse schneiden, seien ausreichend.

Zu finden ist die zu dieser Auskunft von Gauß gehörige Konstruktion unter Angabe des Satzes, auf dem sie beruht.

2. Der bedeutende, 1968 verstorbene polnische Physiker Leopold Infeld schildert in seinem Roman »Wen die Götter lieben — Die Geschichte des Evariste Galois« auch eine Episode aus der Zeit, als der sechzehnjährige Galois das Collège Louis-le Grand besuchte. Die Schüler des besonderen Mathematik-Kursus erhielten das Aufgabenpensum für die Woche, das sie — wie so oft — als sehr schwierig betrachteten. Die erste Aufgabe lautete:

Finde die zwei Diagonalen x und y eines Vierecks, das in einen Kreis eingezeichnet ist, mittels seiner vier Seiten a, b, c und d!

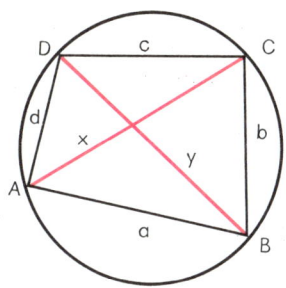

Es sollten also die Längen der Diagonalen eines Sehnenvierecks berechnet werden, wobei die Längen der Seiten des Vierecks a, b, c, d gegeben sind.

Dann waren noch zwei weitere Aufgaben gegeben. Der junge Galois löste die drei gestellten Probleme innerhalb von 15 Minuten, zum größten Erstaunen seines Lehrers, der mit der Zeit von mehreren Stunden gerechnet hatte.

Wer kann die gestellte, recht anspruchsvolle Aufgabe lösen?

3. Unter den bedeutenden Herrschern seiner Zeit besaß Napoleon Bonaparte (1769 bis 1821) eine einzigartige wissenschaftliche Ausbildung. Er nahm z. B. an den Sitzungen der Akademie teil. Auf seinem Feldzug nach Ägypten führte er eine wissenschaftliche Expedition mit sich. Insbesondere war Napoleon auch ein wenig Mathematiker. Geometrie z. B. interessierte ihn. Daß der folgende Satz tatsächlich Napoleon zu verdanken ist (wie auch andere), erscheint uns heute unwahrscheinlich. Sicher aber ist, daß er sich mit solchen Problemen befaßte und sie Mathematikern vorlegte. Es gibt ein bekanntes Palindrom (Spiegelsatz), das die Arbeit Napoleons charakterisiert:

ABLE WAS I ERE I SAW ELBA

Satz des Napoleon: Errichtet man auf den drei Seiten eines Dreiecks ABC gleichseitige Dreiecke (deren Eckpunkte P, Q und R außerhalb des Dreiecks liegen), so bilden die Mittelpunkte Q_1, Q_2 und Q_3 der Dreiecke BPC, ACQ und ARB die Eckpunkte eines gleichseitigen Dreiecks. Dieser Satz soll bewiesen werden.

91

Mit Zirkel und Zeichendreieck

Unmögliche Figuren aus der niederländischen mathematischen Schülerzeitschrift »Pythagoras«.

4. Es ist der Flächeninhalt für jede der drei abgebildeten Flächen zu berechnen.

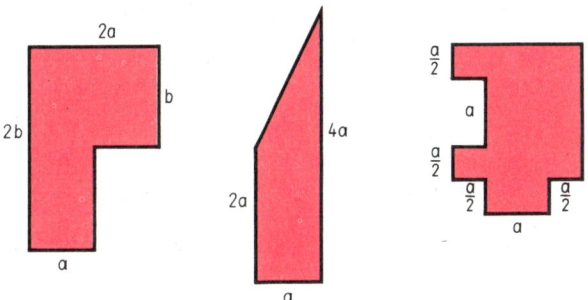

5. Wie lang (in Längeneinheiten) ist die Seite eines Quadrates, das denselben Flächeninhalt hat wie ein Viereck mit den Eckpunkten (1, 0); (17, 0); (13, 12); (0, 7)?

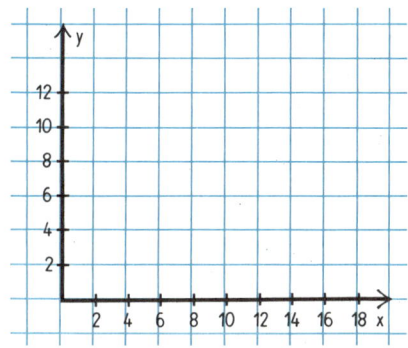

6. Von einem Würfel (siehe Bild) sind acht Teilkörper abgeschnitten, die die Form dreiseitiger Pyramiden (Tetraeder) haben.

Wie verhält sich das Volumen V_R des Restkörpers zum Volumen des Würfels?

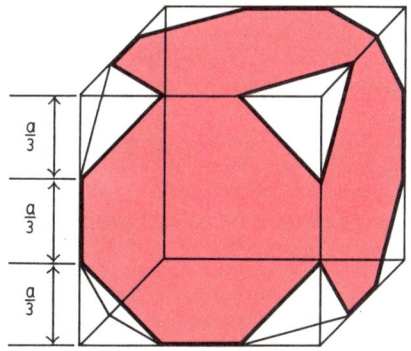

7. Ein Rechteck soll einen Umfang von 40 m haben. Die Länge x und die Breite y sollen sich um mindestens 2 m unterscheiden. Welche Länge und Breite muß das Rechteck mindestens aufweisen?

93

8. Gegeben sei ein Winkel von 63°. Man teile diesen Winkel mit Zirkel und Lineal
a) in drei gleiche Teile,
b) in sieben gleiche Teile.

9. Über jeder Seite eines Quadrates mit der Seitenlänge a wird nach außen ein gleichschenkliges Dreieck konstruiert, das den gleichen Flächeninhalt hat wie das Quadrat.
Es ist der Abstand von zwei gegenüberliegenden Spitzen des vierzackigen Sterns zu berechnen.

10. Gegeben sind zwei regelmäßige Vielecke. Die Anzahl der Seiten des zweiten Vielecks ist doppelt so groß wie die des ersten. Jeder Innenwinkel des ersten Vielecks ist um 10° kleiner als jeder des zweiten.
Ermittle die Anzahl der Seiten der beiden regelmäßigen Vielecke sowie die Größen der Innenwinkel!

11. Eine Aufgabe aus einer Quiz-Veranstaltung des ungarischen Fernsehens: Wir nehmen ein konvexes n-Eck und setzen voraus, daß keine drei seiner Diagonalen durch einen Punkt gehen.
Wie viele Schnittpunkte haben seine Diagonalen? (Weder die Eckpunkte noch die außerhalb des n-Ecks gelegenen Schnittpunkte der Geraden, auf denen die Diagonalen liegen, werden als Schnittpunkt gerechnet.)

12. Beweise, daß der halbe Umfang eines beliebigen Dreiecks stets größer ist als jede seiner Seiten!

13. Die eine Seite eines Rechtecks wird um 25% vergrößert.
Um wieviel Prozent muß die andere Seite verkleinert werden, wenn der Flächeninhalt gleich groß bleiben soll?

SPIEL mit ZAHLEN

1. Man gehe vom Standort des Turmes aus mit 10 Schritten durch die Felder bis zur rechten unteren Ecke. Die Summe der Zahlen in den berührten Feldern soll dabei 60 betragen.

Wer schafft's am schnellsten?

2. Die Bruchgleichung mit dem kleinsten Wert bei Verwendung aller zehn Ziffern lautet:

$$\frac{1}{4865} = \frac{2}{9730}.$$

Wie lautet die Bruchgleichung mit dem größten Wert bei Verwendung aller zehn Ziffern?

3. Ein Domino enthält 28 Steine. 18 Steine davon wurden zu einem »magischen Domino« zusammengestellt mit der Summe 13 (magische Konstante) in allen Reihen, Spalten und Diagonalen. Es läßt sich ein kleines »magisches Domino« mit 8 Steinen zusammenstellen, bei dem die »magische Konstante« 5 ist.

96 Wer versucht's?

4. Die Zahlenfolgen in den Kreisfeldern von A, B, C und D folgen einem Bildungsgesetz.

Wer es findet, weiß auch, welche Zahlen statt der 4 Fragezeichen in die inneren Kreisfelder einzutragen sind.

5. Vereinfache jeden der Brüche in diesen Zahlenfolgen! Wenn möglich, finde eine Formel für das allgemeine Glied!

$$\frac{2}{2} \; ; \; \frac{3}{2+4} \; ; \; \frac{4}{2+4+6} \; ; \; \frac{5}{2+4+6+8} \; ; \; \dots$$

$$\frac{2}{3} \; ; \; \frac{2+4}{3+5} \; ; \; \frac{2+4+6}{3+5+7} \; ; \; \frac{2+4+6+8}{3+5+7+9} \; ; \; \dots$$

$$\frac{1}{1} \; ; \; \frac{1+2}{1+3} \; ; \; \frac{1+2+3}{1+3+5} \; ; \; \frac{1+2+3+4}{1+3+5+7} \; ; \; \dots$$

6. Es ist der Weg durch das Labyrinth zu finden, indem von außen nach innen von jedem der konzentrischen Kreise eine Zahl addiert und so die Summe 500 als Ergebnis erreicht wird.

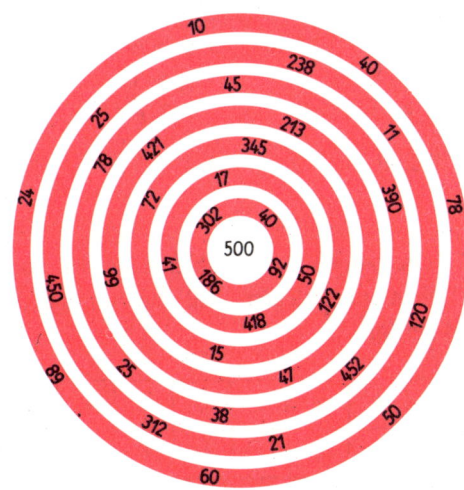

Zahlenornamente

$$5\ 5\ 5\ 5\ 5\ 5\ 5^2$$

2 5
2 5 2 5
2 5 2 5 2 5
2 5 2 5 2 5 2 5
2 5 2 5 2 5 2 5 2 5
2 5 2 5 2 5 2 5 2 5 2 5
2 5 2 5 2 5 2 5 2 5 2 5 2 5
2 5 2 5 2 5 2 5 2 5 2 5
2 5 2 5 2 5 2 5 2 5
2 5 2 5 2 5 2 5
2 5 2 5 2 5
2 5 2 5
2 5

3 0 8 6 4 1 9 1 3 5 8 0 2 5

$$1 \cdot 1 = 1$$
$$11 \cdot 11 = 121$$
$$111 \cdot 111 = 12321$$
$$1111 \cdot 1111 = 1234321$$
$$11111 \cdot 11111 = 123454321$$

$$1 + 3 = 2^2$$
$$1 + 3 + 5 = 3^2$$
$$1 + 3 + 5 + 7 = 4^2$$
$$1 + 3 + 5 + 7 + 9 = 5^2$$
$$1 + 3 + 5 + 7 + 9 + 11 = 6^2$$
$$1 + 3 + 5 + 7 + 9 + 11 + 13 = 7^2$$

$+ 15 = 8^2$

$$7\ 7^2$$

4 9
4 9 4 9
4 9

5 9 2 9

$$6\ 6\ 6^2$$

3 6
3 6 3 6
3 6 3 6 3 6
3 6 3 6
3 6

4 4 3 5 5 6

$$5\ 5\ 5\ 5^2$$

2 5
2 5 2 5
2 5 2 5 2 5
2 5 2 5 2 5 2 5
2 5 2 5 2 5
2 5 2 5
2 5

3 0 8 5 8 0 2 5

7. Die abgebildete Zahlenleiste ist so in vier kongruente Teilflächen zu zerlegen, daß die Summe der Zahlen jeder Teilfläche 34 beträgt.

1	9	16	7	12	5	4	3
8	15	10	2	13	6	11	14

Kuriositäten

Erkennen Sie das System dieser Zahlenspielereien? Sicherlich macht es auch Ihnen Spaß, die Reihen fortzusetzen.

$7^2 = \underline{49}$ $12345679 \cdot \ 9 = 111\,111\,111$

$67^2 = \underline{4489}$ $12345679 \cdot 18 = 222\,222\,222$

$667^2 = \underline{444889}$ $12345679 \cdot 27 = 333\,333\,333$

$6^2 = 3\underline{6}$ $1 \cdot 9 + 2 = \quad 11$

$76^2 = 57\underline{76}$ $12 \cdot 9 + 3 = \quad 111$

$376^2 = 141\underline{376}$ $123 \cdot 9 + 4 = 1111$

$(101 - 65) \cdot \ 36 = 1296$ $9 \cdot 9 + 7 = \quad 88$

$(\ 65 - 36) \cdot 101 = 2929$ $98 \cdot 9 + 6 = \quad 888$

———————————————— $987 \cdot 9 + 5 = 8888$

$(101 - 36) \cdot \ 65 = 4225$

$42 : 3 = 4 \cdot 3 + 2$ $\sqrt{121} = 12 - 1$

$85 - 63 = 8 + 5 + 6 + 3$ $\sqrt{64} = 6 + \sqrt{4}$

$4 \cdot 2^3 = 34 - 2$ $\sqrt[3]{1331} = 3 + 1 + 3 + 3 + 1$

$77^3 = 456533 \quad (533 - 456 = 77)$

$78^3 = 474552 \quad (552 - 474 = 78)$

$151 + 264 = (1^3 + 5^3 + 1^3) + (2^3 + 6^3 + 4^3)$

$1233 = 12^2 + 33^2$

$8833 = 88^2 + 33^2$

---

8. Erst rechnen, dann staunen!

$x_1 = 900991 \cdot 863247$

$x_2 = 803 \cdot 202 \cdot 137$

$x_3 = 689976 : 888$

$x_4 = (379 + 888) - (477 + 124)$

$x_5 = (2997 \cdot 729) : (81 \cdot 81)$

$x_6 = 41^2 + 43^2 + 45^2$

$$x_7 = \frac{(5 : 5) + (5 \cdot 5) + (5 : 5)}{(5 - 5) + (5 + 5) - (5 : 5)}$$

99

9. Der ungarische Rechenkünstler Pataki stellte drei Mitspielern A, B und C folgende Aufgabe:

A soll eine beliebige gerade und eine beliebige ungerade Zahl wählen und eine dieser Zahlen B, die andere C zuordnen. B soll seine Zahl mit 2 und C seine Zahl mit 3 multiplizieren. Nach Addition der erhaltenen Produkte sollen B und C dann das Ergebnis der Addition nennen.

Der Rechenkünstler kann aus diesem Ergebnis ermitteln, wem A die gerade bzw. die ungerade Zahl zugeordnet hat.

Wie ist das möglich?

10. Die Zahlen 12 und 60 haben eine interessante Eigenschaft. Ihr Produkt ist 10mal so groß wie ihre Summe:

$12 \cdot 60 = 720 , \qquad 12 + 60 = 72 .$

Gibt es noch andere derartige Paare natürlicher Zahlen?

11. Mit zwei voneinander verschiedenen natürlichen Zahlen wurden vier Rechenoperationen ausgeführt:

a) Die Zahlen wurden addiert;

b) die kleinere Zahl wurde von der größeren subtrahiert;

c) beide Zahlen wurden miteinander multipliziert;

d) die größere Zahl wurde durch die kleinere dividiert.

Die erhaltenen Ergebnisse wurden addiert, es ergab sich 243. Wie heißen die beiden Zahlen?

12. Stellt jede der Zahlen 1, 2, 3, ..., 10 mit Hilfe von genau vier Ziffern 7 und unter Verwendung von Operationszeichen und Klammern dar!

Beispiel $(7 + 7 \cdot 7) : 7 = 8 .$

Mathematisches
Olympiadefeuer

> *Mit Wißbegier beginnt die Erkenntnis der Welt. Gerade das ist eines der markantesten und bedeutsamsten Kennzeichen der Jugend, indem sich die Persönlichkeit formt und das Wissen besonders rasch und nachhaltig zunimmt. Ohne Wißbegier kann sich meiner Meinung nach der Mensch nicht normal entwickeln.*
>
> Lew Danilowitsch Landau

Seit dem Jahre 1958 werden Internationale Mathematikolympiaden durchgeführt. Über 20 Länder entsenden jährlich ihre acht besten Schüler zu diesem Wettbewerb. Aus Olympiaden wurden einige unterhaltsame Probleme ausgewählt.

1. Vor dem Beginn eines Pferderennens fachsimpeln vier Zuschauer über den möglichen Einlauf der drei Favoriten A, B und C.
Zuschauer
(1): »A oder C gewinnt.«
(2): »Wenn A Zweiter wird, gewinnt B.«
(3): »Wenn A Dritter wird, dann gewinnt C nicht.«
(4): »A oder B wird Zweiter.«
Nach dem Einlauf stellte sich heraus, daß die drei Favoriten A, B, C tatsächlich die ersten drei Plätze belegten und daß alle vier Aussagen wahr waren. Wie lautet der Einlauf?

2. Zwei Studenten unterhalten sich. Ypsilon sagt zu Zet: »Ich kann die Zahl 30 durch einen Term darstellen, der genau dreimal die Ziffer 5 und nur Zeichen von Grundrechenoperationen enthält.«
Nach kurzem Besinnen sagt Zet: »Man kann sogar für jede natürliche Zahl $n > 2$ die Zahl 30 durch einen Term darstellen, der genau n-mal die Ziffer 5 und außerdem nur Zeichen von Grundrechenoperationen und Klammern enthält.«
Wie bewies Zet die Richtigkeit seiner Aussage?

3. Aus einer quadratischen Papptafel von 8 dm Seitenlänge sollen 9 Würfelnetze, die nicht kongruent zueinander zu sein brauchen, ausgeschnitten werden. Aus jedem dieser Würfelnetze soll ein Würfel von 1 dm^3 Rauminhalt gefaltet werden können.
Es ist zu zeigen, daß es möglich ist, neun derartige Netze auf einer solchen Tafel zu zeichnen.

4. Der Name eines bedeutenden Mathematikers wird mit fünf Buchstaben geschrieben. Den Buchstaben A, B, C, ..., Y, Z des Alphabetes seien in dieser Reihenfolge die Zahlen 1, 2, 3, ..., 25, 26 zugeordnet. Setzt man für die Buchstaben des erwähnten Namens die ihnen zugeordneten Zahlen ein, beträgt die Summe aus den

(1) dem ersten und zweiten Buchstaben zugeordneten Zahlen 26,

(2) dem ersten und dritten Buchstaben zugeordneten Zahlen 17,

(3) dem ersten und vierten Buchstaben zugeordneten Zahlen 10,

(4) dem ersten und fünften Buchstaben zugeordneten Zahlen 23,

(5) allen fünf Buchstaben zugeordneten Zahlen 61.

Ermittle den Namen dieses Mathematikers!

Gauß-Plakette, geprägt anläßlich des 200. Geburtstages des bedeutenden Mathematikers (1977)

5. Es werden Aussagen zur Diskussion gestellt, die mit folgenden Worten beginnen: »Wenn a und b zwei von 0 verschiedene reelle Zahlen sind, für die $a > b$ und $|a| < |b|$ gilt, dann ...«

A stellt als Fortsetzung zur Diskussion: »... ist a negativ.«

B stellt als Fortsetzung zur Diskussion: »... sind a und b negativ.“

C stellt als Fortsetzung zur Diskussion: »... ist b negativ.«

D stellt als Fortsetzung zur Diskussion: »... braucht weder a noch b negativ zu sein.«

Man untersuche für jede dieser zur Diskussion gestellten Aussagen, ob sie wahr ist.

6. Unser Bild zeigt vier konzentrische Kreise. Die innere Kreisfläche ist mit 1 bezeichnet. Die von dem innersten und dem nächstfolgenden Kreis begrenzte Fläche ist in zwei kongruente, mit 2 und 3 bezeichnete Flächen geteilt. Entsprechend ist die Fläche des nächsten Kreisringes in 4 und die des letzten in 8 jeweils untereinander kongruente Teilflächen zerlegt, die fortlaufend numeriert wurden.

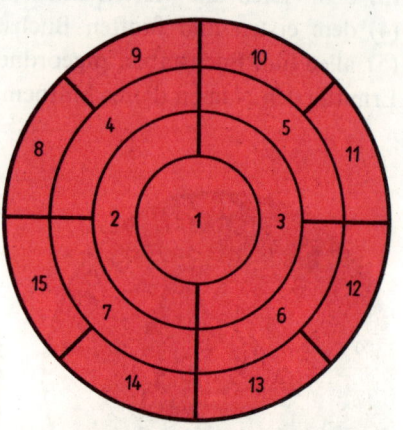

Wie müssen die Verhältnisse der Radien der vier Kreise gewählt werden, damit alle diese 15 sogenannten Flächenstücke einander inhaltsgleich sind?

7. Da sei ein Dreieck ABC
mit rechtem Winkel $\measuredangle\ ACB$.
Der Inkreisradius sei ϱ.
(Man nennt ihn nun mal gerne so.)
Dann möge man das c noch kennen.
(Man kann's auch Hypotenusenlänge nennen.)
Nun gilt es, nur mit diesen Stücken
den Flächeninhalt auszudrücken.
Man muß sich nach Gesetzen richten,
doch braucht man nicht dabei zu dichten.

8. Zwei Spieler A und B spielen miteinander folgendes Spiel. Von einem Haufen mit genau 150 Streichhölzern müssen beide jeweils nacheinander Streichhölzer entnehmen, und zwar jeweils mindestens 1 Streichholz, aber höchstens 10 Streichhölzer.
Sieger ist derjenige, der das letzte Streichholz fortnehmen kann.
Man entscheide, wer von beiden seinen Sieg erzwingen kann, und man gebe an, auf welche Weise er mit Sicherheit zum Ziel gelangt!

9. Es sei eine Menge von endlich vielen roten und grünen Punkten gegeben, von denen einige durch Strecken verbunden sind. Ein Punkt dieser Menge heiße »außergewöhnlich«, wenn mehr als die Hälfte der von ihm ausgehenden Verbindungsstrecken in Punkten enden, die eine andere Farbe als er haben. Wenn es in der gegebenen Punktmenge außergewöhnliche Punkte gibt, so wähle man einen beliebigen aus und färbe ihn in die andere Farbe um. Falls in der entstandenen Menge außergewöhnliche Punkte existieren, werde das Verfahren fortgesetzt.

Man beweise: Für jede Menge der beschriebenen Art und für jede Möglichkeit, jeweils »außergewöhnliche« Punkte zum Umfärben auszuwählen, entsteht nach endlich vielen solchen Umfärbungen eine Menge, die keinen »außergewöhnlichen« Punkt enthält.

10. Nach der Sage machte die böhmische Königin Libussa die Gewährung ihrer Hand von der Lösung eines Rätsels abhängig, das sie ihren drei Freiern gab: »Wenn ich aus diesem Korb mit Pflaumen dem ersten Freier die Hälfte des Inhalts und noch eine Pflaume, dem zweiten die Hälfte des Restes und noch eine Pflaume, dem dritten die Hälfte des nunmehrigen Restes und noch drei Pflaumen geben würde, dann wäre der Korb geleert.
Nenne die Anzahl der Pflaumen, die der Korb enthält!«

105

11. Günter erzählt: »Die sechsstellige Telefonnummer unserer Schule merke ich mir folgendermaßen: Ich schreibe unsere zweistellige Hausnummer hin. Dahinter schreibe ich die Quersumme der Hausnummer und füge nun jeweils die Summe aus den letzten beiden hingeschriebenen Ziffern an, bis sechs Ziffern dastehen.
Übrigens kommt in der Telefonnummer unserer Schule keine Eins vor, und unsere Hausnummer ist eine durch 3 teilbare Zahl.«
Wie lautet Günters Hausnummer und wie die Telefonnummer seiner Schule?

12. In einem alten Lehrbuch wird über folgenden Handel berichtet:
Ein Bauer wollte bei einem Viehhändler mehrere Tiere kaufen. Der Viehhändler verlangte für jedes den gleichen Preis. Dem Bauern gelang es, diesen Preis um genau so viel Prozent des geforderten Preises herunterzuhandeln, wie er (in Groschen) betragen sollte.
Er bezahlte jetzt 21 Groschen je Tier. Bei dem ursprünglichen Preis hätte sein Geld genau für drei Tiere gereicht. Jetzt konnte er mehr Tiere kaufen, wobei er sein Geld vollständig ausgab.
Wie viele Tiere konnte der Bauer insgesamt kaufen?

Von **Land** zu **Land**

> *Jede Aufgabe, die ich löste, wurde zu einer Regel, die später zur Lösung anderer Aufgaben diente.*
>
> *René Descartes*

1. Mongolische Volksrepublik An einem Schachturnier nahmen zehn Spieler teil; jeder spielte genau einmal gegen jeden anderen. Keine zwei Spieler erzielten insgesamt die gleiche Punktzahl. Die Spieler auf den ersten beiden Plätzen haben keine Partie verloren. Die Summe ihrer Punktzahlen ist um 10 größer als die Punktzahl des Spielers auf dem dritten Platz. Der Spieler auf dem vierten Platz erzielte ebenso viele Punkte wie die letzten vier Spieler zusammen.
Welche Punktzahlen erzielten die Spieler, die die Plätze 1 bis 6 einnahmen? (Für ein gewonnenes Spiel wurde 1 Punkt, für ein unentschiedenes Spiel $\frac{1}{2}$ Punkt erzielt.)

2. Island Ein Sportverein hatte in der Nähe eines Dorfes ein Zeltlager eingerichtet. Von den Lagerteilnehmern nahmen am ersten Tag insgesamt 28 Jungen an einem Sportwettkampf in den Disziplinen Weitsprung, Hochsprung und Stabhochsprung teil. Jeder dieser 28 Jungen beteiligte sich wenigstens an zwei verschiedenen Sprungdisziplinen. 8 Jungen nahmen nicht am Weitsprung teil. Die Anzahl der Jungen, die sich sowohl am Weitsprung als auch am Hochsprung beteiligten, war um 3 größer als die Anzahl der Jungen, die sich am Hochsprung und Stabhochsprung beteiligten. Am Stabhochsprung nahmen ebensoviel Jungen teil, wie Jungen an den beiden Sprungarten Weitsprung und Hochsprung zugleich teilnahmen.
Wieviel Jungen beteiligten sich zugleich an allen drei Sprungarten? Wer löst die Aufgabe mittels eines Venndiagramms?

3. VR Polen Wir betrachten fünf Städte, von denen keine drei auf einer Geraden liegen. Diese Städte sollen durch ein Eisenbahnnetz verbunden werden, das aus vier geradlinigen Strecken besteht. Die Schienenstränge können sich dabei überschneiden; an den betreffenden Stellen werden Brücken gebaut.
Wieviel verschiedene dieser Eisenbahnnetze können konstruiert werden?

4. Großbritannien Sechs kleine Figuren sind wie folgt plaziert:

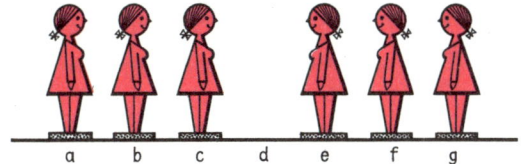

Die Figuren können einander überspringen oder gerade voranmarschieren, sie können aber nicht rückwärts gehen, sich umdrehen oder seitwärts ausweichen. Es darf stets nur eine Figur übersprungen werden.
Mit welcher Mindestzahl von Sprüngen oder Schritten lassen sich die Figuren in die folgende Position bringen?

Mathematische Wortspiele der niederländischen Zeitschrift »Pythagoras«:

5. Schweiz Das »Soli-taire-Spiel« wird von einer einzigen Person ge-spielt. Spielbrett ist eine Anordnung von 37 Fel-dern (siehe Bild).

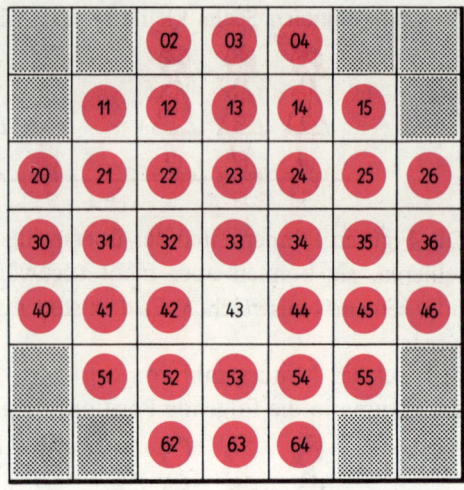

Zu Beginn sind alle Felder außer einem, das der »Einsiedler« selbst auswählt, mit je einer Spielmarke besetzt. Jeder Zug besteht darin, daß man einen Stein in waagerechter oder senkrechter Richtung über ein besetztes Feld hinweg auf das dahinterliegende freie Feld setzt und die übersprungene Marke wegnimmt. (Sind 02 und 03 besetzt, 04 frei, so kann man den Stein von 02 auf 04 setzen und den Stein 03 entfernen.) Nach jedem Zug hat man also einen Stein weniger auf dem Brett. Aufgabe ist es, so geschickt zu springen, daß am Ende nur noch ein Stein übrigbleibt.

6. Kanada

```
    M I X
    F U N
+   A N D
─────────
  M A T H
```

```
    A L O R S
    A L O R S
      N O U S
+     N O U S
───────────────
  L A V O N S
```

Wer löst diese beiden sehr anspruchsvollen Kryptogramme?

7. Tansania Mbongo hatte f Tage Ferien. Er stellte fest:
(1) Es regnete siebenmal, am Morgen oder am Nachmittag.
(2) Wenn es nachmittags regnete, schien vormittags die Sonne.
(3) Es gab fünf sonnige Nachmittage.
(4) Es gab sechs sonnige Vormittage.

Wieviel Ferientage hatte er?

Totgesagter Gelehrter

Felix Klein (1849 bis 1925) pflegte in seiner Vorlesung über Gruppentheorie folgende Geschichte seinen Zuhörern zum besten zu geben:

Auf dem denkwürdigen Pariser Mathematikerkongreß im Jahre 1900 wurde in einer schlichten Feierstunde aller bedeutenden Mathematiker gedacht, die in den letzten zehn Jahren das Zeitliche gesegnet hatten. U. a. wurde der Gruppentheoretiker Camille Jordan, Professor an der École Polytechnique, geboren 1838, gest. am 7. 11. 1898, genannt. Da erhob sich in den letzten Reihen eine hagere Gestalt, um der Versammlung zu verkünden, daß an der Angabe seines Todesdatums wenigstens die Jahreszahl nicht stimmen könne, da er noch am Leben sei. (Jordan starb am 20. Januar 1922 in Mailand.)

8. Spanien $2 = 3$?

Das kann man wie folgt zeigen:

$$4 - 10 = 9 - 15,$$

$$4 - 10 + \frac{25}{4} = 9 - 15 + \frac{25}{4},$$

$$\left(2 - \frac{5}{2}\right)^2 = \left(3 - \frac{5}{2}\right)^2,$$

$$2 - \frac{5}{2} = 3 - \frac{5}{2},$$

$$2 = 3.$$

Wo steckt der Fehler?

9. SR Rumänien

In einem Haus wohnten einige Ehepaare mit Kindern. Von diesen weiß man, daß es im ganzen mehr Kinder als Eltern und die letzteren mehr als die Buben waren. Die Buben waren mehr als die Mädchen, und diese waren mehr als die Anzahl der Familien. Keine Familie war kinderlos, und jede hatte verschiedene Kinderzahl. Jedes Mädchen hatte mindestens einen Bruder und höchstens eine Schwester. Eine Familie hatte mehr Kinder als alle anderen zusammen. Es wird gefragt:

Wieviel Familien wohnten im Hause, und wieviel Mädchen waren in jeder Familie?

(Aus einem rumänischen Abreißkalender 1964) 111

10. DDR Hans fordert seinen Freund Uwe auf: »Merke dir eine von Null verschiedene natürliche Zahl, multipliziere sie mit 5, addiere zu diesem Produkt 2! Multipliziere die so erhaltene Summe mit 4 und addiere zu diesem neuen Produkt 3! Die nun erhaltene Summe ist noch mit 5 zu multiplizieren.

Nenne mir das Ergebnis deiner Rechnung, und ich sage dir, welche Zahl du dir gemerkt hast.«

Begründe, warum und wie Hans die von Uwe gedachte Zahl ermitteln konnte!

2.Teil LÖSUNGEN

113

1. Die Frauen trinken $x + y + z + u = 10$ (Flaschen), wobei noch unbestimmt ist, wie sich die Koeffizienten 1, 2, 3, 4 auf die Variablen verteilen. Die Männer trinken
$x + 2y + 3z + 4u$ (Flaschen), alle zusammen also
$2x + 3y + 4z + 5u = 32$,
mit $u = 10 - x - y - z$ ergibt sich $18 = 3x + 2y + z$.
Dabei müssen x und z entweder beide gerade oder beide ungerade sein. $x = 1$ und $x = 2$ sind unmöglich, da $y,z \leqq 4$; $x = 4$ verlangt $z = 2$, also $y = 2$; unmöglich. Also
$x = 3, z = 1, y = 4, u = 2$.
$x = 3$ (Colette Pont), $y = 4$ (Annette Dubois), $z = 1$ (Jeanne Paysan), $u = 2$ (Jacqueline Fontaine).

2. Es seien x die Anzahl der stehenden Büffel, y die Anzahl der liegenden Büffel und z die Anzahl der alten Büffel. Dann gilt
(1) $x + y + z = 100$,

(2) $5x + 3y + \dfrac{z}{3} = 100$,

$$y = 25 - \frac{7x}{4}.$$

Da x und y natürliche Zahlen sind, ist diese Gleichung nur erfüllt für $x = 0, 4, 8, 12$. Man erhält daher die folgenden vier Lösungen:

x	y	z
0	25	75
4	18	78
8	11	81
12	4	84

3.

2	·	5	+	2	=	12
+		+		·		·
20	−	6	·	3	=	2
:		−		−		:
5	−	10	:	5	=	3
=		=		=		=
6	+	1	+	1	=	8

8	·	7	−	10	=	46
·		−		+		+
4	+	3	·	4	=	16
−		+		−		:
6	+	8	:	4	=	8
=		=		=		=
26	+	12	+	10	=	48

4. Wenn a und b verschiedene Ziffern sind, so lauten die Aufschriften:

(aab) oder $(9 - a, 9 - a, 9 - b)$; (aba) oder $(9 - a, 9 - b, 9 - a)$; (baa) oder $(9 - b, 9 - a, 9 - a)$; (aaa) oder $(9 - a, 9 - a, 9 - a)$; (bbb) oder $(9 - b, 9 - b, 9 - b)$.

Da nur zwei verschiedene Ziffern auftreten dürfen, so muß überall $b = 9 - a$ sein. Jetzt ist es nicht schwierig, alle 40 Fälle anzugeben.

5. Der Maulwurf hat sein Vorratslager zwischen den Höhlen 10 und 11 angelegt.

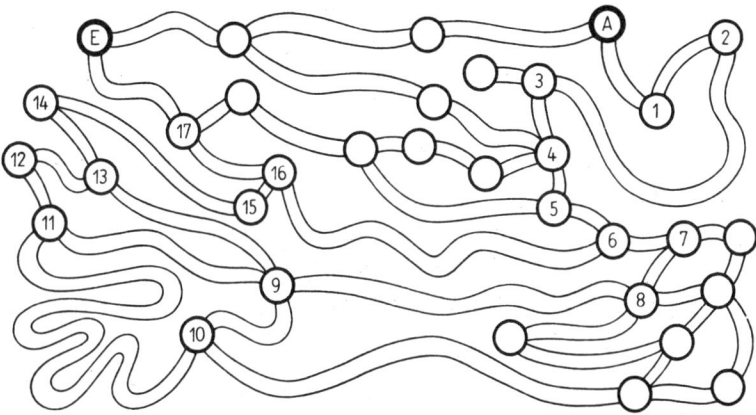

6. Da die Summe der Endziffern $2 + 3 + 3 + 4 = 12$ mit der Ziffer 2 endet und es kein Quadrat einer natürlichen Zahl gibt, das mit 2 endet, muß es sich nicht um vier, sondern um drei Personen handeln. $(2 + 3 + 4 = 9)$, d. h., daß der Sohn von einem gleichzeitig der Vater von dem anderen ist. Nikolai kann nicht der Sohn vom Vater Peter sein, da seine Beute mit der Ziffer 2 endet und nicht, wie es im Text heißt, mit 4. Daraus folgt, daß Peter der Sohn von Nikolai ist.

7. Für die Fangergebnisse a, b, c, d gilt
$c < d\,(1)$, $a + b = c + d\,(2)$, $a + d < b + c\,(3)$.
Aus (2) und (3) folgt durch Addition $2a + b + d < b + 2c + d$ und damit $2a < 2c$, also $a < c$.
Aus (1) und $a < c$ folgt $a < c < d$.
Aus (2) und $a < c$ folgt $d < b$ und damit auch $a < c < d < b$.
Fischer B hat das größte Fangergebnis; ihm folgen D, C und A.

8. Ein Rhombus ist zugleich ein Trapez bzw. ein Parallelogramm, aber kein Quadrat. Folglich handelt es sich bei dem Viereck um einen Rhombus.

9. Es gibt 13 Möglichkeiten, z. B.:

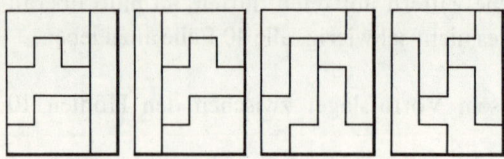

10.

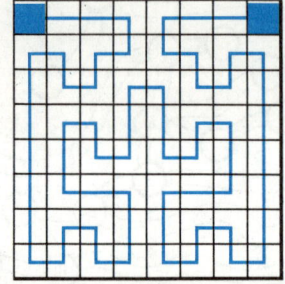

11. Bezeichnet man die Anzahl der Becher mit a, die der Tassen mit b, die der Krüge mit c und die der Flaschen mit d, ergeben sich folgende Gleichungen:

$2a + b = 2c$,

$\quad 5b = \quad c + 2d$,

$\quad 5a = 3c + 2d$.

Daraus folgt:

$3c = 6d$,

$3c = 5b + 2d$,

$3c = 2a + b + 2d$,

$3c = a + 3b + 2d$.

Es gilt also: 3 Krüge können entweder mit 6 Flaschen oder 5 Tassen und 2 Flaschen oder 2 Bechern und 1 Tasse und 2 Flaschen oder 1 Becher und 3 Tassen und 2 Flaschen im Gleichgewicht gehalten werden.

12. $7^2 - 4^2 - 6^2 = 7 - 4 - 6$,

$\quad 9^2 - 6^2 - 7^2 = 9 - 6 - 7$.

Es gibt genau vier Zahlen: 976, 967, 764, 746.

116

13. Die Sache ist einfach, wenn man zuerst an das Dreieck I denkt, das $\frac{1}{5}$ des Inhaltes des gegebenen haben soll. Es genügt, den Punkt D

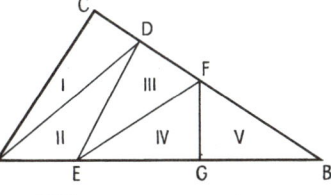

so zu wählen, daß CD $\frac{1}{5}$ der Seite $\overline{CB}$ beträgt. Indem wir auf dieselbe Art fortfahren, muß das Dreieck II $\frac{1}{4}$ des übriggebliebenen betragen, so daß $\overline{AE}$ gleich $\frac{1}{4}$ $\overline{AB}$ zu wählen ist. Dann müssen wir F so wählen, daß $\overline{DF}$ $\frac{1}{3}$ von $\overline{DB}$ beträgt, und schließlich G so, daß $\overline{EG}$ gleich der Hälfte von $\overline{EB}$ ist.

14. Wir bezeichnen drei zusammengehörige Aussagen jeweils mit dem Anfangsbuchstaben des Vornamens und den Indizes 1, 2, 3 entsprechend der Reihenfolge im Aufgabentext: A_1, A_2, A_3, B_1, B_2, B_3, W_1, W_2, W_3, M_1, M_2, M_3. Wir werden von Wolfgangs Aussagen ausgehen. W_1 und W_3 besagen dasselbe und sind daher entweder beide wahr oder beide falsch. Nach der Bedingung der Aufgabe können sie aber nicht beide falsch sein. Folglich sind beide wahr, und W_2 ist falsch. Da W_3 wahr ist, ist B_3 falsch, was bedeutet, daß B_1 und B_2 wahr sind. Da B_2 wahr ist, ist M_3 falsch, also M_1 und M_2 wahr. Da M_2 wahr ist, ist A_1 falsch, A_2 und A_3 sind wahr. Angelika war somit die Täterin.

Skizzen der Antike

---

1. a) Wenn $\overline{\overline{}}$ 1 bedeutet, so ist anzunehmen, daß ein durchgehender Strich an der obersten Stelle »1« und ein unterbrochener Strich stets »0« bedeutet. Da $\overline{\overline{}}$ das Zeichen für die 3 ist, muß der durchgehende Strich an der mittleren Stelle die Zahl 2 bedeuten (1 + 2 + 0 = 3). Da $\overline{\overline{}}$ das Zeichen für die 6 ist, muß der durchgehende Strich an der untersten Stelle die Zahl 4 bedeuten (0 + 2 + 4 = 6). Mithin kann das Zeichen $\overline{\overline{}}$ nur die Zahl 4 bedeuten (0 + 0 + 4 = 4).

b) Mit genau drei durchgehenden oder unterbrochenen Strichen können nur die Zahlen 0, 1, 2, 3, 4, 5, 6, 7 dargestellt werden.

117

2. Die Breite seien x Handbreiten, die Länge y Handbreiten.

(1) $\dfrac{x}{4} + y = 7$,

(2) $x + y = 10$,

(2') $x = 10 - y$.

Durch Einsetzen in (1) folgt

$$\dfrac{10 - y}{4} + y = 7,$$

$$y = 6.$$

In (1) setzen wir $y = 6$

$$\dfrac{x}{4} + 6 = 7,$$

$$x = 4.$$

Die Breite sind 4 Handbreiten und die Länge 6 Handbreiten.

3. Es sei x die Anzahl der Bienen des Schwarmes. Dann gilt:

$$x = \sqrt{\dfrac{x}{2}} + \dfrac{8}{9}x + 2. \tag{1}$$

Für $\sqrt{\dfrac{x}{2}}$ wird y gesetzt. Dann ist $y^2 = \dfrac{x}{2}$ bzw. $x = 2y^2$ und damit erhält (1) die Form

(2) $\quad y + \dfrac{16}{9}y^2 + 2 = 2y^2$,

$$2y^2 - 9y - 18 = 0.$$

Es folgt $y_1 = 6$; $y_2 = -\dfrac{3}{2}$.

Die entsprechenden Werte für x sind $x_1 = 72$; $x_2 = 4{,}5$. Da die Anzahl der Bienen nur eine natürliche Zahl sein kann, gilt

$$\sqrt{\dfrac{72}{2}} + \dfrac{8}{9} \cdot 72 + 2 = 72.$$

Der Schwarm bestand aus 72 Bienen.

4. Nach dem Satz des Pythagoras gilt:

$$x^2 + 5^2 = (x + 1)^2,$$
$$x^2 + 25 = x^2 + 2x + 1,$$
$$x = 12.$$

Das Wasser ist 12 Fuß tief.

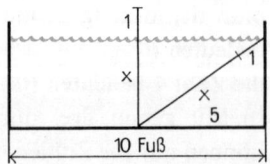

5. Die Anzahl der Schüler des Pythagoras sei x. Dann gilt:
$\frac{1}{2}x + \frac{1}{4}x + \frac{1}{7}x + 3 = x$.

Es folgt: $\qquad x = 28$.

Pythagoras hatte 28 Schüler.

6.

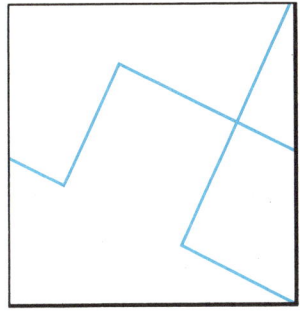

7. Das Maultier trage x Maß, der Esel y Maß. Dann gilt

$$x + 1 = 2(y - 1) \qquad\qquad (1)$$
$$x - 1 = y + 1 ,$$
$$x = y + 2 \qquad \text{in (1) einsetzen} , \qquad (2)$$
$$y + 2 + 1 = 2(y - 1) ,$$
$$y = 5 .$$

Es folgt $x = 7$.

Das Maultier trägt 7 Maß, der Esel 5 Maß.

8. a) Es sei x die Anzahl der Tiere dieser Herde. Dann gilt
$\frac{2}{3} \cdot \frac{1}{3} x = 70$.

Die äquivalente Umformung ergibt

$\frac{2}{9} x = 70$; $2x = 630$; $x = 315$.

Der Hirt hatte in der Herde 315 Stück Vieh.

b) $\left(x + \frac{2}{3}x + \frac{1}{3}x + \frac{2}{9}x \right) \cdot \frac{1}{3} = 10$,

$\left(\frac{9}{9}x + \frac{6}{9}x + \frac{3}{9}x + \frac{2}{9}x \right) \cdot \frac{1}{3} = 10$,

$\left(\frac{20}{9}x \right) \cdot \frac{1}{3} = 10$, $\qquad x = \frac{10 \cdot 27}{20}$,

$\qquad\qquad\qquad\qquad\qquad x = 13{,}5$. **119**

9. Die Fläche der Möndchen ergibt sich aus folgender Gleichung:

$$M_1 + M_2 = \frac{\pi}{8}a^2 + \frac{\pi}{8}b^2 + \frac{ab}{2} - \frac{\pi}{8}c^2$$
$$= \frac{\pi}{8}(a^2 + b^2 - c^2) + \frac{ab}{2}.$$

Für $a^2 + b^2 = c^2$ ist

$$M_1 + M_2 = \frac{ab}{2} = M_3, \qquad \text{q. e. d.}$$

10. Eine Garbe der guten Ernte liefere x dou, der mittleren y dou und der schlechten z dou. Dann gilt:

$$3x + 2y + z = 36, \qquad x = 9\frac{1}{4}. \tag{1}$$

$$2x + 3y + z = 34, \qquad y = 4\frac{1}{4}. \tag{2}$$

$$x + 2y + 3z = 26, \qquad z = 2\frac{3}{4}. \tag{3}$$

Eine Garbe der guten Ernte liefert $9\frac{1}{4}$ dou, der mittleren Ernte $4\frac{1}{4}$ dou und der schlechten Ernte $2\frac{3}{4}$ dou.

11. Wenn A der gesuchte Flächeninhalt ist und r_1 und r_2 die Radien der beiden kleineren Kreise bezeichnen, dann gilt:

$$A = \pi r^2 - \pi r_1^2 - \pi r_2^2 . \tag{1}$$
$$2r = 2r_1 + 2r_2 \tag{2}$$

Wir erarbeiten eine dritte Gleichung:

$$\left(\frac{t}{2}\right)^2 = 2r_1 \cdot 2r_2 \tag{3}$$

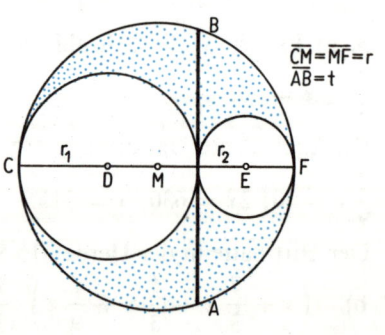

(mittlere Proportionale zu den Hypotenusenabschnitten).

Wir formen (2) und (3) um:

$$(r_1 + r_2)^2 = r^2 \tag{2}'$$

$$2r_1 r_2 = \frac{t^2}{8}. \tag{3}'$$

Die Subtraktion ergibt $r_1^2 + r_2^2 = r^2 - \dfrac{t^2}{8}$.

Setzen wir diesen Wert in 1) ein, so erhalten wir $A = \dfrac{\pi t^2}{8}$.

12. Wenn alle Zisternen zugleich x Tage brauchen, so gilt

$$\frac{12x}{12} + \frac{6x}{12} + \frac{4x}{12} + \frac{3x}{12} = \frac{12}{12},$$

$$12x + 6x + 4x + 3x = 12,$$

$$25x = 12,$$

$$x = \frac{12}{25}.$$

Alle Zisternen zugleich brauchen $\frac{12}{25}$ Tage. Das ist etwas weniger als ein halber Tag.

13. Der Sohn habe x, die Tochter y und die Witwe z Denar zu erhalten, dann gilt:

$$x + y + z = 3500, \; x = 2z, \; y = \frac{z}{2}. \tag{1}$$

Es folgt $x = 2000, y = 500, z = 1000$.
Die Witwe hat 1000 Denar zu bekommen, der Sohn 2000 Denar und die Tochter 500 Denar.

14. Es sei x die gesuchte Zahl. Dann gilt:

$$200x = y^2, \tag{1}$$

$$5x = y. \tag{2}$$

Wir setzen (2) in (1) ein und erhalten (3)

$$200x = 25x^2,$$

$$200 = 25x,$$

$$x = 8. \tag{3}$$

Die gesuchte Zahl heißt 8.
Probe: $5 \cdot 8 = 40$ und $200 \cdot 8 = 1600$ und $\sqrt{1600} = 40$.

15. Es seien x die Anzahl der Tauben auf dem Baum und y die Anzahl der Tauben unter dem Baum. Dann gilt

$$y - 1 = \frac{x + y}{3}.$$

Ferner gilt $x - 1 = y + 1$, also $x = y + 2$.
Daraus folgt

$$(y - 1) \cdot 3 = y + 2 + y,$$

$$3y - 3 = 2y + 2,$$

$$y = 5.$$

Ferner ergibt sich $x = y + 2 = 7$.
7 Tauben waren auf dem Baum, 5 Tauben unter dem Baum.

16. Ist x die Anzahl der Äpfel, die die Frau geerntet hat, so erhält der erste Wächter $\frac{x}{2}$, der zweite $\frac{x}{4}$, der dritte $\frac{x}{8}$ und der vierte Wächter $\frac{x}{16}$ Äpfel. Nun gilt $\frac{x}{16} = 10$, also $x = 160$. Die Frau hat 160 Äpfel geerntet.

Aus der Schule geplaudert

---

1. Die kleinste von Null verschiedene, durch 3, 4, 6 und 8 teilbare natürliche Zahl ist 24. Die nächste Zahl (48) ist bereits größer als 30. An der Leistungskontrolle waren also 24 Schüler beteiligt. Aus $\frac{1}{3} \cdot 24 = 8$ und $\frac{1}{4} \cdot 24 = 6$ und $\frac{1}{6} \cdot 24 = 4$ und $\frac{1}{8} \cdot 24 = 3$ und $8 + 6 + 4 + 3 = 21$ folgt, daß 21 Schüler ihre Aufgaben fehlerhaft hatten. Danach hatten 3 Schüler alle Aufgaben richtig.

2. Sagt Wolfgang die Wahrheit, so ist Karins Aussage falsch. Die Zahl heißt also nicht 9. Wenn dann Peter die Wahrheit sagt, muß die Primzahl die 2 sein, und Roswithas Aussage ist falsch. Alle anderen Überlegungen führen zu einem Widerspruch. Die gesuchte Zahl heißt also 2.

3. Es seien x die Anzahl der Teile zu je 10 Mark, y die Anzahl der Teile zu je 3 Mark und z die Anzahl der Teile zu je 50 Pfennigen. Dann gilt:

$$10x + 3y + 0,5z = 29 \,, \tag{1}$$
$$x + y + z = 29 \,, \tag{2}$$
$$1 \leq x < 29 \,, \tag{3}$$
$$1 \leq y < 29 \,, \tag{4}$$
$$1 \leq z < 29 \,. \tag{5}$$

Daraus folgt
$$10x + 3y + 0,5z = x + y + z \,,$$
bzw. $\qquad 9x + 2y = 0,5z \,,$

oder $\qquad 18x + 4y = z \,.$

122

Wegen (1) kann x nur gleich 1 sein. Also 18 + 4y = z, woraus y = 1 oder y = 2 folgt mit z = 22 bzw. z = 26. Wegen (5) ist also x = 1, y = 2, z = 26.

Es wurden also 1 Teil zu 10 Mark, zwei Teile zu je 3 Mark und 26 Teile zu je 50 Pfennig eingekauft.

4. Außer der Null gibt es 9 einstellige Zahlen. Die Anzahl der Ziffern ist also 9. Zweistellige Zahlen gibt es 90, die Anzahl der Ziffern ist also 90 · 2. Dreistellige Zahlen gibt es 900, die Anzahl der Ziffern ist also 900 · 3. Vierstellige Zahlen gibt es 9000, die Anzahl der Ziffern ist also 9000 · 4. Daraus folgt

$$9 + 90 \cdot 2 + 900 \cdot 3 + x \cdot 4 = 6869 \,,$$
$$x = 995 \,.$$

Die Seitenzahl ist gegeben durch die Anzahl der Zahlen, also

$$9 + 90 + 900 + 995 = 1994 \,.$$

Das Fachbuch hat 1994 Seiten.

5. Es sind alle Paare natürlicher Zahlen (a, b) mit $a > b$ zu ermitteln, für die $a^2 - b^2 = a + b$ gilt.

Nun ist nach einer binomischen Formel $a^2 - b^2 = (a + b)(a - b)$, und daher ist die geforderte Eigenschaft gleichwertig mit $(a + b)(a - b) = a + b$. Wegen $a, b \in N$ und $a > b$ ist $a + b \neq 0$. Also ist die genannte Eigenschaft weiterhin gleichwertig mit $a - 1 = b$, d. h., die gestellte Bedingung wird genau von den Paaren (a, b) natürlicher Zahlen erfüllt, für die a um 1 größer ist als b.

6. Mit je 3 Schritten kommt Rosi 50 cm vorwärts. Daher ist sie nach 2 · 3 · 29 Schritten gleich 174 Schritten 29 m vom Startpunkt entfernt. Da sie nach zwei weiteren Schritten die zweite Fahnenstange erreicht und dann nach Voraussetzung mit der Übung aufhört, legt sie die Übungsstrecke mit 176 Schritten zurück.

7. a) $\dfrac{5}{6} - \dfrac{2}{3} = \dfrac{1}{6}$ a) Division

b) $\dfrac{9}{14} - \dfrac{5}{21} = \dfrac{17}{42}$ b) Multiplikation

c) $\dfrac{1}{2} + \dfrac{1}{4} = \dfrac{3}{4}$ c) Subtraktion

d) $\dfrac{5}{8} - \dfrac{1}{4} = \dfrac{3}{8}$ d) Addition

123

8. Es mögen x fehlerfrei gelöste Aufgaben sein, für die der Sohn $10x$ Pf bekam, und y fehlerhaft gelöste Aufgaben, für die er $5y$ Pf zurückerstatten mußte. Dann folgt:

$$10x - 5y = 80, \tag{1}$$
$$x + y = 20, \tag{2}$$

und weiter $x = 12$ und $y = 8$.
Der Sohn löste 12 Aufgaben fehlerfrei und 8 fehlerhaft.

9. Der Satz lautet: Jedes konvexe Viereck mit einem Paar zueinander parallelen Gegenseiten heißt Trapez.

10. Am 7. Tag der Reise stimmt die täglich zurückgelegte Anzahl der Meilen zwischen beiden Gesellen überein; nämlich 7 Meilen. Der zweite Geselle muß nun die gleiche Anzahl der zunächst zurückgebliebenen Meilen nachholen, d. h., es ergibt sich die Gleichung

$$(7 - 6) + (7 - 5) + (7 - 4) + (7 - 3) + (7 - 2) + (7 - 1) + 7$$
$$+ (7 + 1) + (7 + 2) + (7 + 3) + (7 + 4) + (7 + 5) + (7 + 6) = 7x,$$
$$91 = 7x,$$
$$x = 13.$$

Die Gesellen treffen nach 13 Tagen zusammen.

11. Die Anzahl der Stifte, die jedes Mädchen besitzt, wird durch den entsprechenden Anfangsbuchstaben bezeichnet. Daraus folgt $U = 2R$; $S = R - 13$; $U + R + S < 50$ und $U + R + S$ ist Primzahl. Die Primzahlen, die kleiner als 50 sind und die Quersumme 11 haben, sind wegen

$$11 = 2 + 9 = 3 + 8 = 4 + 7 = 5 + 6 \text{ nur 29 und 47. Damit}$$

folgt durch Einsetzen

$$2R + R + R - 13 = 29,$$
oder $2R + R + R - 13 = 47,$
bzw. $4R = 42,$
oder $4R = 60.$

Also kommt nur 47 als Summe der Stifte in Frage mit $R = 15$, $U = 30$, $S = 2$. Ute besitzt 30, Regine 15 und Sabine 2 Stifte.

12. Der Rechner stellt eine Gleichung auf:

$$\frac{x}{8} + 150 = \frac{3}{4}x + 50, \quad x = 160. \text{ Die gesuchte Zahl lautet 160.}$$

13.

1. Chemielehrer und Mathelehrer in einem Haus ⇒ Ch ≠ Ma
2. A jünger als B und C   ⇒ $A < B, C$
3. Ma-Lehrer und C spielen Schach   ⇒ Ma ≠ C
4. B älter als Ph, älter als Bio   ⇒ $B >$ Ph $>$ Bio
5. ältester Lehrer längsten Weg   ⇒ älteste ≠ Ch, Ma

Aus 3. Ma-Lehrer nicht C

Aus 2. und 4.: Ph-Lehrer nicht A

Aus 4. und 5.: B nicht Ch- und Ma-Lehrer, da ältester ⇒ A muß
              Ma-Lehrer sein ⇒ A kein Ch-Lehrer

Aus 2. und 4.: A ist jüngster, also Bio-Lehrer

Aus 2. und 4.: $A < C < B$ ⇒ C ist Ph-Lehrer

Wegen B ältester und kein Ch-, Ma-Lehrer folgt, B ist Deu-, Ge-Lehrer
⇒ C ist Ch-Lehrer.

	Ma	Ph	Ch	Bio	Deu	Ge
A	x	—	—	x	—	—
B	—	—	—	—	x	x
C	—	x	x	—	—	—

14. In dem Raum seien x Bänke und y Sportler. Dann gilt:

$$6(x - 1) + 3 = y, \tag{1}$$
$$5x + 4 = y. \tag{2}$$

Man erhält aus (1) und (2)

$$6x - 6 + 3 = 5x + 4,$$

also $x = 7$ und danach aus (2) $y = 39$.

In dem Raum befinden sich daher 39 Sportler und 7 Bänke.

15. Wir stellen die Gleichung auf

$$x = 6 + 10 - 1, \quad x = 15.$$

Es waren 15 Preisträger.

Allgemein: der x-te von links, der m-te von rechts. Es sind
$x + m - 1$ Schüler.

16. Es sei V das Volumen der zur Verfügung stehenden Silbermenge
von 2 g; dann gilt:

$$V = \frac{2\,g}{10,5\,g \cdot cm^{-3}} \approx 0,1905\ cm^3.$$

Nun sei x die Maßzahl der Länge des hergestellten Drahtes (in cm). 125

Dann erhält man, da der Querschnittsdurchmesser 0,002 mm, also der Querschnittsradius 0,0001 cm beträgt, die Gleichung $0,0001^2\pi \cdot x = 0,1905$, also

$$x = \frac{0,1905 \cdot 10^8}{3,14} = 0,0606 \cdot 10^8 ,$$

$x \approx 6\,060\,000 .$

Die Länge des Drahtes beträgt also rund $6\,060\,000$ cm $= 60\,600$ m $= 60,6$ km.

Altes und Neues aus der Praxis

---

1. x bezeichnet die Maßzahl der Masse an Gold, y an Kupfer, z an Blei und f an Eisen.

(1) $x + y + z + f = 60 ,$

(2) $\qquad x + y = \dfrac{2}{3} \cdot 60 = 40 ,$

(3) $x + z = \dfrac{3}{4} \cdot 60 = 45 ,$

(4) $x + f = \dfrac{3}{5} \cdot 60 = 36 .$

Durch Addition von (2), (3) und (4) erhalten wir
(5) $3x + y + z + f = 121 .$
Subtrahieren wir (1) von (5), so erhalten wir
$2x = 61 ,$ also $x = 30,5 .$
Daraus folgt weiter
$y = 40 - 30,5 = 9,5 ,$
$z = 45 - 30,5 = 14,5 ,$
$f = 36 - 30,5 = 5,5 .$
Die königliche Krone enthielt 30,5 Minen Gold, 9,5 Minen Kupfer, 14,5 Minen Blei und 5,5 Minen Eisen.

2. Zur Berechnung verwendet man das Modell des Horizontalsystems. Dabei werden im Verhältnis zur Entfernung der Sonne die Sonnenstrahlen als parallel angesehen und der Erdradius vernachlässigt. Man denkt sich den Beobachter im Erdmittelpunkt M

(siehe Bild) und findet, daß die Abweichung $\alpha = 7,5°$ vom Lot in Alexandria gleich dem Zentriwinkel im Erdmittelpunkt zwischen Alexandria und Assuan ist (Stufenwinkel).

a) Den Erdumfang u findet man mit Hilfe der Proportion

$\beta : 360 = 5000 : u$

$$u = \frac{360 \cdot 5000}{\beta},$$

$$u = \frac{360 \cdot 5000}{7 \cdot 5},$$

$$u = 240\,000.$$

Strahlen

M Erdmittelpunkt
A Alexandria
B Assuan
$\alpha = \beta$
$\overline{AB}$ 5000 ägypt. Stadien

Der Erdumfang zählte 240 000 Stadien.

b) $240\,000 \cdot 0,18472 \approx 44\,333$
Der Erdumfang betrug 44 333 km.

c) Der Unterschied zur heutigen Messung ist 4333 km.

3. Die Anzahl der Arbeitstage sei x. Es gilt die Gleichung

$48x - 12(30 - x) = 0,$

$x = 6.$

Während der 30 Tage wurde an 6 Tagen gearbeitet.

4. Produktion im Januar: $\qquad x = x + 0 \cdot 10$

im Februar: $\quad x + 10 = x + 1 \cdot 10$

im März: $\quad x + 20 = x + 2 \cdot 10$

.

.

.

im Dezember: $\quad x + 110 = x + 11 \cdot 10$

$1920 = 12x + 10 + 20 + \ldots + 110,$

$x = 105.$

Juni: $\qquad x + 5 \cdot 10 = 155,$

Dezember: $\quad x + 11 \cdot 10 = 215.$

Im Juni wurden 155 Tische und im Dezember 215 Tische hergestellt.

5. grü — bl, grü — we, grü — ro, . . ., grü — br,
       bl — we, bl — ro, . . ., bl — br,
                we — ro, . . ., we — br,
                          .
                          .
                          .
                    gr — br.

Für die Anzahl x gilt demnach:

$x = 7 + 6 + 5 + 4 + 3 + 2 + 1$,

$x = 28$.

Der Elektriker kann 28 verschiedene Farbkombinationen zusammenstellen.

6. Es gilt das Gleichungssystem

$$40x + 60y + 75z = 1800,$$
$$x + y + z = 32 \qquad \cdot(-40),$$

$$40x + 60y + 75z = 1800,$$
$$-40x - 40y - 40z = -1280,$$

$$20y + 35z = 520 \qquad :5,$$
$$4y + 7z = 104,$$

$$y = 26 - \frac{7z}{4}.$$

Diese Gleichung hat nur für $z = 0, 4, 8, 12$ positive ganzzahlige Lösungen.

Es gibt deshalb folgende Möglichkeiten:

(75 W)	z	0	4	8	12
(60 W)	y	26	19	12	5
(40 W)	x	6	9	12	15

7. Reihenfolge des Einbaus: $2 - 7 - 5 - 6 - 1 - 3 - 4$

8. Mit der Verdopplung des Durchmessers vervierfacht sich die Gewichtskraft des anderen Stammes. Sie beträgt also 1200 N. Durch Verkürzung der Länge auf die Hälfte verringert sich die Gewichtsmasse auf die Hälfte. Sie beträgt also 600 N. Deshalb muß der dicke, kurze Rundholzbalken doppelt so schwer wie der längere und dünnere sein.

9. Es sei x die Anzahl der Personen; dann gilt
$20 \cdot x = 25(x - 12)$,
  $x = 60$.
Es sind 60 Personen nötig. Die Zisterne faßt 1200 Liter Wasser.

10. Muster 6 gehört zur Walze.

11. Es sei x das Fassungsvermögen des kleineren LKW in t und
y das Fassungsvermögen des größeren LKW in t.
Daraus ergibt sich das folgende Gleichungssystem:
$$31x + 27y = 143 , \tag{1}$$
$$1,5x = y \tag{2}$$
mit der Lösung $x = 2$; $y = 3$.
Der LKW mit der kleineren Ladekapazität faßt 2 Tonnen, der mit
der größeren 3 Tonnen.

12. Aus einer Darstellung in Zweitafelprojektion ohne Bezeichnung
läßt sich der dargestellte Körper in sehr vielen Fällen nicht eindeutig rekonstruieren. So auch hier. Beispielsweise können drei
Körper angegeben werden, die den gezeichneten Grund- und Aufriß
besitzen.

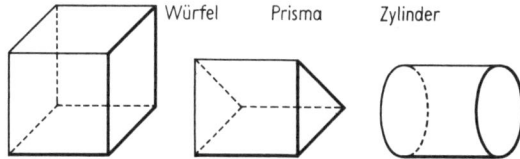

Würfel   Prisma   Zylinder

13. Es genügen zwei Träger, wie das Bild zeigt.

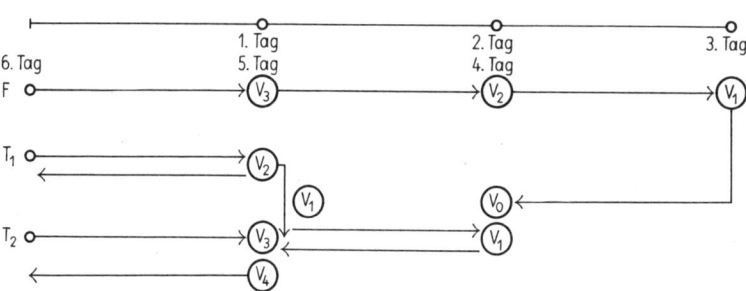

129

14.

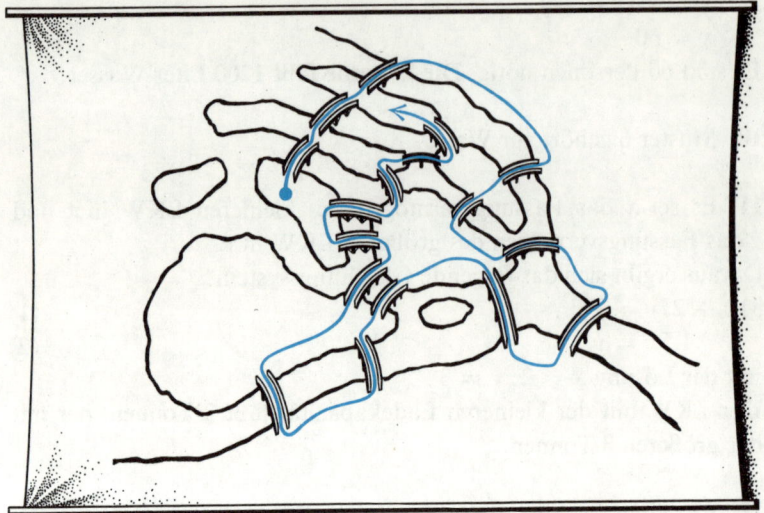

15. Es sei a der Anfangsbestand des Holzes eines Waldes.
Nach einem guten Jahr beträgt der Holzbestand

$$a + \frac{5 \cdot a}{100} = \frac{105a}{100} = \frac{21a}{20}.$$

Nach einem weiteren ungünstigen Jahr beträgt der Holzbestand

$$\frac{21a}{20} + \frac{3 \cdot 21a}{100 \cdot 20} = \frac{2163a}{2000} = 1{,}0815a$$

Nach zwei Jahren ist der Holzbestand des Waldes um $8{,}15\%$ angewachsen.

16. Der Preis P setzt sich aus dem Grundpreis x Mark für die Benutzung des Originals und dem Preis s (in Mark) für die Herstellung der Kopien zusammen. Es sei n die Anzahl der Kopien; dann gilt $P = (x + n \cdot s)$ Mark.
Für $n = 3$ gilt $6 = x + 3s$; für $n = 5$ gilt $9 = x + 5s$.
Daraus folgt

$$6 - 3s = 9 - 5s,$$
$$2s = 3,$$
$$s = 1{,}5.$$

Somit gilt $x = 6 - 3 \cdot 1{,}5 = 1{,}5$.
Der für $n = 9$ angegebene Preis dient zur Probe und bestätigt die Richtigkeit von $P = 1{,}50$ Mark $+ n \cdot 1{,}50$ Mark.

17. $x \cdot 32 \cdot 51 = 152 \cdot 45 \cdot 68$,

$$x = \frac{152 \cdot 45 \cdot 68}{32 \cdot 51} = 285 .$$

Bei der Verwendung einer größeren Schrift beansprucht der Text 285 Seiten.

18. 1 kg Nektar enthält 700 g Wasser und 300 g feste Substanz, 1 kg Honig enthält 170 g Wasser und 830 g feste Substanz.

$300 : 830 = 1 : x$,

$\qquad x \approx 2{,}77$.

Man benötigt etwa 2,77 kg Nektar, um 1 kg Honig zu erhalten.

19. Man stellt fest, daß alle Kugeln in einem Würfel mit der Kantenlänge von 10 cm Platz haben. Eine Schicht hat $100 \cdot 100$ = 10 000 Kugeln. Da wir 100 Schichten übereinanderlegen können, passen tatsächlich $10\,000 \cdot 100 = 1\,000\,000$ Kugeln in den gedachten Würfel. Die Masse der Kugeln ist aber geringer als die des Würfels, da sie den Raum nicht ganz ausfüllen. Der Würfel hätte, bestände er aus Stahl, eine Masse von etwa 7,8 kg, die Kugeln entsprechend weniger, etwa 4 kg. Sie lassen sich also ohne Mühe von einem Mann transportieren.

Pfiffige Knobeleien

---

1. Paris könnte wie folgt schließen:
(1) Angenommen, Athene sagt die Wahrheit, also Athene wäre die Schönste. Nach Voraussetzung ist dann Aussage (4) falsch. Das führt zum Widerspruch; denn Hera kann nicht zugleich mit Athene die Schönste sein. Diese Annahme entfällt.
(2) Angenommen, Hera sagt die Wahrheit, also Hera wäre die Schönste. Nach Voraussetzung ist dann Aussage (2) falsch. Das führt ebenfalls zum Widerspruch; denn Aphrodite kann nicht zugleich mit Hera die Schönste sein. Also auch diese Annahme muß entfallen.
(3) Angenommen, Aphrodite sagt die Wahrheit, also Aphrodite

131

wäre die Schönste. Die negierten Aussagen (2), (3) und (5) sind dann wahr und bestätigen, daß Aphrodite die Schönste ist.
Das »Urteil des Paris« lautet demnach: Aphrodite ist die Schönste.

2. An die Stelle jedes Buchstaben wird die Anzahl geschrieben, auf wieviel verschiedene Möglichkeiten man bis zu ihm gelangen kann, d. h., die Summe der über ihnen stehenden erreichbaren Zahlen.

```
        1                              1
      1 1 1                          1   1
    1 2 3 2 1                      1   2   1
    . . . . . . .                1   3   3   1
 2907 3139 2907               1   4   6   4   1
      8957                  1   5   10  10  5   1
                         1   6   15  20  15  6   1
                       1   7   21  35  35  21  7   1
                     1   8   28  56  70  56  28  8   1
                   1   9   36  84  126 126 84  36  9   1
                            2^9 = 512
```

$$2^9 = 512$$

3. Zwischen 3 Uhr und 6 Uhr liegen 180 Minuten. Wir finden die Anzahl der Minuten, die bis 6 Uhr verbleiben, wenn wir $180 - 50$, also 130, in zwei Zahlen zerlegen, von denen die eine viermal so groß ist wie die andere. Das heißt, der fünfte Teil von 130 ist zu ermitteln. Es war also 26 Minuten vor 6 Uhr. In der Tat, vor 50 Minuten verblieben bis 6 Uhr 26 min $+$ 50 min $=$ 76 min, und das bedeutet, seit 3 Uhr vergingen 180 min $-$ 76 min $=$ 104 min. Das sind viermal so viele Minuten, wie jetzt noch bis 6 Uhr verbleiben.

4. Es müssen mindestens 7 Teller aufgetragen werden, nämlich für den Großvater und die Großmutter, die beide ein Ehepaar bilden, deren Sohn und dessen Frau sowie deren drei Kinder (Enkel), wobei es sich um einen Jungen und zwei Mädchen handelt.

5. Es ist zu rangieren: Vorwärts über Weiche 6, dann rückwärts über die Weichen 6, 8, 5, 3, 4 und 7, dann wieder vorwärts über die Weichen 7 und 1.

6. $C - D - A - J - B$
Jeanette sitzt zwischen Annette und Babette.

7. $x(x + 1) - x = x^2$.

Man erhält die gesuchte Zahl, indem man aus dem Ergebnis die Quadratwurzel zieht.

8.

2^4	2^9	2^2
2^3	2^5	2^7
2^8	2^1	2^6

b	a^2b^2	a
a^2	ab	b^2
ab^2	1	a^2b

16	512	4
8	32	128
256	2	64

3	36	2
4	6	9
18	1	12

9. Der Aufbau der Zahl ist $\overline{abba}$.

$2(a + b) = 10a + b$,
$\quad b = 8a$.

Demzufolge kann nur $a = 1$ und $b = 8$ gelten. Die Autonummer lautet 1881.

10. a) Das Kreuz dreht sich von Bild zu Bild um 90°, der schwarze Punkt links auf dem ersten Bild bleibt dabei an seinem Ort, der andere springt eine Spitze weiter, so daß es sich im 4. Bild mit dem anderen deckt. Also muß Bild *A* an die freie Stelle eingesetzt werden.

b) *A* ergänzt die Reihe, denn der kleine Kreis bleibt fest, während sich der innere Kreis um jeweils 90° dreht.

c) Die Schattenfiguren (in jedem Quadrat) oben rechts und unten links bleiben unverändert. Die Figur links oben dreht sich von Bild zu Bild um 90°, die rechts unten um 180°. *B* ergänzt also die Reihe.

d) Auf jeder Seite des Würfels befindet sich ein anderes Muster. Da der Würfel 3 Symmetrieachsen hat, kann sich der Würfel von Bild zu Bild auf drei Arten um 90° drehen. Hat man die Drehachse ermittelt, weiß man auch, welche Seite man bei der nächsten Drehung zu sehen bekommt, in unserem Falle *B*.

11. *a*, *b*, *c* seien natürliche Zahlen, die alle größer als Null und kleiner oder gleich 9 sind. Dann heißen die dreistellige Zahl und die sich durch Umstellung ihrer Ziffern ergebenden Zahlen:

$100a + 10b + c$, $100c + 10a + b$, $100b + 10c + a$,
$100b + 10a + c$, $100a + 10c + b$, $100c + 10b + a$.

Die Summe s ist dann:

$s = 100(2a + 2b + 2c) + 10(2a + 2b + 2c) + (2a + 2b + 2c)$,

$s = 111(2a + 2b + 2c) = 222(a + b + c) = 222 \cdot Q$, wobei Q die Quersumme der dreistelligen Zahl ist. Wir erhalten $s = 222 \cdot Q$.

12. 14 Bewegungen sind nötig, nämlich:

	Käfig 1	Käfig 2	Käfig 3	Käfig 4	Käfig 5	Auslauf
1	Panther	Krokodil	Esel	—	Wolf	Löwe
2	Panther	Krokodil	—	Esel	Wolf	Löwe
3	Panther	Krokodil	Löwe	Esel	Wolf	—
4	—	Krokodil	Löwe	Esel	Wolf	Panther
5	Krokodil	—	Löwe	Esel	Wolf	Panther
6	Krokodil	Löwe	—	Esel	Wolf	Panther
7	Krokodil	Löwe	Esel	—	Wolf	Panther
8	Krokodil	Löwe	Esel	Wolf	—	Panther
9	Krokodil	Löwe	Esel	Wolf	Panther	—
10	—	Löwe	Esel	Wolf	Panther	Krokodil
11	Löwe	—	Esel	Wolf	Panther	Krokodil
12	Löwe	Esel	—	Wolf	Panther	Krokodil
13	Löwe	Esel	Wolf	—	Panther	Krokodil
14	Löwe	Esel	Wolf	Krokodil	Panther	—

13. Bezeichnen wir mit Buchstaben F: Fisch, K: Kugel, G: Glöckchen, W: Waagebalken, dann ergibt sich:

$$K = 2W, \tag{1}$$
$$F + K = G, \tag{2}$$
$$2F + G = F + K + G + W, \tag{3}$$
$$\text{oder } F = K + W. \tag{4}$$

Aus (1) und (4) folgt $F = 3W$, $\qquad\qquad$ (5)

aus (1), (2) und (5) folgt $G = 5W$. $\qquad\qquad$ (6)

Wir setzen anstelle des Fragezeichens x und erhalten

$$x = 3W + K = 5W.$$

Mit zwei Gegenständen läßt sich dieses Gewicht durch eine Kugel und einen Fisch aufbringen nach (6) und (2).

14. Es wurden die Augenzahlen 2, 2, 3, 4, 5 gewürfelt ($2 + 2 + 4 = 8$; $8 - 5 - 3 = 0$).

15. Die mathematikintensiven Berufe lauten: (1) Bauzeichner, (2) Geophysiker, (3) Kartographiefacharbeiter, (4) Markscheider.

16. Es sei x die Anzahl der Pferde und y die Anzahl der Ochsen. Dann gilt

$$31x + 21y = 1770,$$
$$21y = 1770 - 31x,$$
$$= 1764 + 6 - 21x - 10x,$$
$$y = 84 - x - \frac{10x - 6}{21}.$$

$10x - 6$ ist also durch 21 teilbar, mithin auch $5x - 3$.
Man setzt daher $21z = 5x - 3$
und erhält

$$y = 84 - x - 2z,$$
$$x = \frac{21z + 3}{5} = 4z + \frac{z + 3}{5}.$$

Man setzt ferner $5u = z + 3$, d. h., $z = 5u - 3$ und erhält
$x = 4(5u - 3) + u = 21u - 12$,
$y = 84 - 21u + 12 - 10u + 6 = 102 - 31u$.
Da y eine positive Zahl ist und wegen $z = 5u - 3$ nicht gleich Null sein kann, sind nur die Fälle
$u = 1, u = 2$ und $u = 3$ möglich.
Man erhält daher die folgenden drei Lösungen:
1. $u = 1$: $x = 9, y = 71$,
2. $u = 2$: $x = 30, y = 40$,
3. $u = 3$: $x = 51, y = 9$.
Man überzeugt sich leicht davon, daß in allen drei Fällen $31x + 21y = 1770$ ist.

Streifzug durch die Arithmetik

---

1. Die erste Zahl sei x; dann lautet die zweite Zahl $19 - x$.
Ferner gilt $x^2 + (19 - x)^2 = 205$ bzw. $x^2 - 19x + 78 = 0$.
Diese quadratische Gleichung besitzt die Lösungen $x_1 = 13$ und $x_2 = 6$. Die gesuchten Zahlen lauten 6 und 13.

2. a) Wenn $x > 8$ ist, so gilt $x + 3 > 11$, also gewiß $x + 3 > 10$.
b) Wenn $60x = 50y$, so $x = 5k$ und $y = 6k$, wobei k eine natürliche Zahl ist, also $x < y$.

c) Wenn $5x > 10$, so $x > 2$; wegen $y > x$ gilt $y > 3$.

d) Wegen $x > y$ gilt $x = y + k$, wobei k eine von Null verschiedene natürliche Zahl ist. Nun ist
$y + 2 < y + k + 5$, also auch $y + 2 < x + 5$.

e) Wegen $x > y$ gilt $x = y + k$, wobei k eine von Null verschiedene natürliche Zahl ist. Nun gilt
$60 - (y + k) < 75 - y$, also auch $60 - x < 75 - y$.

f) Wenn $y < 5$, so $3y < 15$, also gewiß auch $3y < 17$.

3. Die beiden Zahlen seien mit a bzw. b bezeichnet, und es gelte ohne Einschränkung der Allgemeinheit $a > b$.
Dann gilt:

$$\sqrt{ab} = b + 4 \qquad \text{und} \qquad (1)$$

$$\frac{a + b}{2} = a - 6. \qquad (2)$$

Aus (2) folgt $a + b = 2a - 12$ bzw. $b = a - 12$. Setzt man das in (1) ein, so erhält man

$$\sqrt{a(a - 12)} = a - 12 + 4,$$
$$a^2 - 12a = (a - 8)^2,$$
$$a^2 - 12a = a^2 - 16a + 64,$$
$$a = 16.$$

Durch Einsetzen ergibt sich $b = 4$. Die Probe zeigt, daß die Zahlen 16 und 4 den Bedingungen der Aufgabe genügen.

4. Die 10 kleinsten natürlichen Zahlen, die bei der Division durch 6 den Rest 4 ergeben, sind:

4, 10, 16, 22, <u>28</u>, 34, 40, 46, 52, <u>58</u>.

Von diesen Zahlen ergeben nur die Zahlen 28 und 58 bei Divison durch 5 den Rest 3.

Von den Zahlen 28 und 58 ergibt nur die Zahl 58 bei Division durch 4 den Rest 2. Diese Zahl ergibt gleichzeitig bei Division durch 3 den Rest 1.

Die Zahl 58 hat also die geforderten Eigenschaften. Gleichzeitig wurde nachgewiesen, daß die Zahl 58 die kleinste natürliche Zahl ist, die die geforderten Eigenschaften besitzt. Weitere Zahlen, die die geforderten Eigenschaften besitzen, lassen sich darstellen durch $58 + 60k$, wobei k eine natürliche Zahl ist.

5. Der erste Summand sei n; dann ist der zweite Summand $(90 - n)$.
Nun gilt

$$\frac{25n}{100} + \frac{75(90 - n)}{100} = 30,$$

$$\frac{n}{4} + \frac{3(90 - n)}{4} = 30,$$

$$n + 3(90 - n) = 120,$$

$$n + 270 - 3n = 120,$$

$$2n = 150, \quad \text{also} \quad n = 75.$$

Die beiden Zahlen lauten 75 und 15.

6. Es ist $\dfrac{a \cdot (c - b)}{b - a} > 0$ genau dann, wenn entweder »$c > b$ und $b > a$« oder »$c < b$ und $b < a$« gilt, d. h., wenn entweder $a < b < c$ oder $a > b > c$ gilt.

Für $a < b < c$, also für $a = 13$, $b = 15$, $c = 20$, erhalten wir

$$\frac{13 \cdot (20 - 15)}{15 - 13} = \frac{13 \cdot 5}{2} = 32{,}5,$$ also keine ganze Zahl.

Für $a > b > c$, also für $a = 20$, $b = 15$, $c = 13$, erhalten wir

$$\frac{20 \cdot n(13 - 15)}{15 - 20} = \frac{20 \cdot (-2)}{-5} = 8.$$

7. Aus $a = c + 7$ folgt durch Einsetzen

$$(c + 7) \cdot (c + 9) + c(c - 2) - (2c + 14)c$$
$$= c^2 + 16c + 63 + c^2 - 2c - 2c^2 - 14c$$
$$= 63.$$

8. a) $A \cup B = \{4, 5, 6, 7, 8\}$
   b) $A \cap B = \{4, 6\}$
   c) $\bar{B} \quad = \{3, 7, 9\}$
   d) $\bar{U} \quad = \varnothing$
   e) $A \setminus B = \{7\}$

9. a) $L = \{6, 7, 8, 9, \ldots, 58, 59\}$
   b) $L = \{0, 1, 2, 3, \ldots, n, n + 1, \ldots\}$ \quad mit $n \in N$
   c) $L = \{0, 1, 2, 3, \ldots, n, n + 1, \ldots\}$ \quad mit $n \in N$
   d) $L = \{5\}$
   e) $L = \{0, 1, 2\}$

Ein spezielles magisches Quadrat

Wenn die Summe der drei Zahlen jeder Zeile, Spalte und Diagonale T genannt wird, so lassen sich folgende Gleichungen aufstellen:
$$T = x + y + 2z = -2x + 2y + 5z = x + y + 4z - 10$$
$$= 2z + 3y - 10 = 7z - x.$$

Wir erhalten nur fünf Gleichungen anstelle der acht möglichen, da sich drei identische Gleichungen ergeben. Aus den ersten vier Gleichungen ergibt sich $x = 8$, $y = 9$, $z = 5$, $T = 27$. Diese Werte befriedigen auch die fünfte Gleichung. Das magische Quadrat hat also die Form

8	7	12
13	9	5
6	11	10

Die Summe der geraden Zahlen in den Ecken $8 + 6 + 12 + 10 = 36 = 4 \cdot 9$ ist gleich dem Vierfachen der Zahl im Mittelfeld.

Zahlenkreuzrätsel

6	0	5	1	2	1
9	1	4	1	4	3
7	5	6	1	2	3
6	7	5	6	4	1
7	2	9	4	4	1
9	7	3	0	1	7

10. $10a + b = 3(a + b)$ mit $1 \leqq a \leqq 9$ und $0 \leqq b \leqq 9$,
$$7a = 2b,$$
$$a = \frac{2b}{7}.$$

Nur für $b = 7$ wird a ganzzahlig; $a = 2$, $b = 7$.
Es gilt also nur die Zahl 27.

11. 1. Es sei $a = 1$. Dann gilt wegen
$$2a + 6b = a^a + b^a,$$
$$2 + 6b = 1 + b,$$
$$b = -\frac{1}{5},$$

138

d. h. b ist keine natürliche Zahl, der Fall $a = 1$ kann also nicht eintreten.

2. Es sei $a = 2$, dann gilt
$$4 + 6b = 4 + b^2,$$
$$b(b - 6) = 0;$$
wegen $b > 0$ folgt daraus $b = 6$. Damit ist eine Lösung gefunden: $a = 2$, $b = 6$.

3. Es sei $a \geqq 3$. Dann gilt wegen
$$2a + 6b = a^a + b^a$$
$a(a^{a-1} - 2) = b(6 - b^{a-1})$. Nun ist
$a(a^{a-1} - 2) \geqq 3(3^2 - 2) = 21$. Andererseits ist
$$b(6 - b^{a-1}) = 5 < 21 \qquad \text{für } b = 1$$
$$\leqq 2(6-2^2) = 4 \; < 21 \qquad \text{für } b = 2$$
$$\leqq b(6-3^2) < 0 \; < 21 \qquad \text{für } b = 3,$$
also ist die Gleichung
$2a + 6b = a^a + b^a$ für $a \geqq 3$ und $b = 1, 2, 3, ...$
nicht erfüllt. Daher hat die Aufgabe nur die oben angegebene Lösung.

12. Der Vorgänger der natürlichen Zahl n ist $n - 1$, der Nachfolger $n + 1$. Es gilt: $(n - 1)(n + 1) = 2208$, $n^2 = 2209$. Die gesuchte Zahl n ist 47. Es gilt $46 \cdot 48 = 2208$.

13. Wir multiplizieren die Gleichung mit xy und erhalten durch weitere Umformungen
$$y + x + 1 = xy,$$
$$xy - x = y + 1,$$
$$x(y - 1) = y + 1,$$
$$x = \frac{y + 1}{y - 1},$$
$$x = 1 + \frac{2}{y - 1}.$$
Nur für $y_1 = 2$ und $y_2 = 3$, also für $x_1 = 3$ und $x_2 = 2$, erhalten wir Zahlenpaare (x, y) natürlicher Zahlen x und y, die die gegebene Gleichung erfüllen.

14. Die Summe der Zahlen von 1 bis 9 ist 45. Sie wird in drei gleiche Teile zerlegt. Dann beträgt die Summe der jeweils drei

Summanden 15. Man findet dann folgende Lösungen:
$$1 + 5 + 9 = 2 + 6 + 7 = 3 + 4 + 8,$$
$$1 + 6 + 8 = 2 + 4 + 9 = 3 + 5 + 7.$$

15. In der Zahlenfolge 0, 1, 2, 3, ... , 19, 20 ist die Zahl 0 kleiner als jede der folgenden 20 Zahlen. Es lassen sich also 20 verschiedene Ungleichungen bilden, in denen stets $a = 0$ ist und für b die Zahlen von 1 bis 20 eingesetzt werden können. Wenn $a = 1$, so kann b durch die Zahlen von 2 bis 20, also durch 19 verschiedene Zahlen ersetzt werden. Die Überlegungen führen wir fort. Für $a = 19$ gibt es genau eine Möglichkeit, nämlich $b = 20$. Wegen $20 + 19 + ... + 3 + 2 + 1 = 210$ gibt es genau 210 Möglichkeiten.

16. Wir nehmen an, es gibt eine Lösung a, b. Da a und b natürliche Zahlen sind, gilt (wegen $a > b$) $a - b \geq 1$. Beide Seiten mit $a - b$ multipliziert, ergibt

$a + b > ab(a - b) \geq ab$, da $a - b \geq 1$.

Da also $a + b > ab$ und $a > b$, gilt $2a > ab$, also $2 > b$, also $b = 1$.

Dann ergibt die ursprüngliche Ungleichung $\dfrac{a + 1}{a - 1} > a$, und daraus

$a + 1 > a^2 - a$ bzw. $a^2 - 2a - 1 < 0$ oder (durch Addition von 2 auf beiden Seiten) $a^2 - 2a + 1 < 2$, also $(a - 1)^2 < 2$.

Nur die natürliche Zahl $a = 2$ erfüllt diese Ungleichung. Die Probe zeigt, daß $a = 2$, $b = 1$ Lösung ist.

Eine andere Lösungsvariante:

Wir formen die Ungleichung um:

$$a \cdot b < \frac{a + b}{a - b} = \frac{a - b + 2b}{a - b} = 1 + \frac{2b}{a - b}.$$

Wegen $a > b$ gilt:

$\dfrac{2b}{a - b} \leq 2b$ bzw.

$ab \leq 2b + 1$. \hfill (1)

Wenn es eine Lösung gibt, so muß sie der Gleichung (1) genügen bzw. der umgeformten Gleichung (1)

$b(a - 2) \leq 1$.

Weil $b < a$ vorausgesetzt ist, kann b nur gleich 1 sein. Ferner sind für a nur die Werte 1, 2 und 3 möglich. Prüfen wir das nach, so zeigt sich, daß nur $a = 2$, $b = 1$ Lösung ist.

17. $\dfrac{1}{2x} > \dfrac{1}{2}$; $x < 1$; $\qquad x = 0,5; 0,25; \dots$ $\qquad\qquad$ (1)

$\dfrac{7}{t} < 7; t > 1;$ $\qquad t = 1,5; 2; \dots$ $\qquad\qquad\qquad$ (2)

$\dfrac{3}{2z^4} = \dfrac{3}{2}$; $z^4 = 1$; $z = +1$; -1 . $\qquad\qquad$ (3)

18. $x^2 + x^2 + 2x + 1 + x^2 + 4x + 4$
$> x^2 + 6x + 9 + x^2 + 8x + 16 + x^2 + 10x + 25$.
Daraus folgt $x < -\dfrac{5}{2}$.

19. Die Gleichung wird in Linearfaktoren zerlegt:
$(x^2 + x + 1)(2x^2 + 2x - 3) = -3(1 - x - x^2)$,
$2x^4 + 2x^3 - 3x^2 + 2x^3 + 2x^2 - 3x + 2x^2 + 2x - 3$
$= -3 + 3x + 3x^2$,
$2x^4 + 4x^3 - 2x^2 - 4x \quad= 0$,
$x^4 + 2x^3 - x^2 - 2x \quad= 0$,
$x^3(x + 2) - x(x + 2) \quad= 0$,
$(x + 2)(x^3 - x) \quad\qquad= 0$,
$(x - 1)x(x + 1)(x + 2) = 0$,
$x_1 = 1; x_2 = 0; x_3 = -1; x_4 = -2$.

20. Ist $y = 0$, so gilt $x < 4$ und $2x > 10$, d. h., $x > 5$, also keine Lösung.
Ist $y = 1$, so gilt $x < 3$ und $2x > 5$, also keine Lösung.
Ist $y = 2$, so gilt $x < 2$ und $2x > 0$, also nur $x = 1$ kann eine Lösung sein. Ist $y = 3$, so gilt $x < 1$, d. h., nur $x = 0$ kann die Lösung sein.
Für $y = 4$ gibt es wegen $x + y < 4$ keine Lösung.
Die Aufgabe hat höchstens zwei Lösungen. Das Nachrechnen ergibt, daß die Wertepaare (1, 2) und (0, 3) die Bedingungen erfüllen.

21. Aus $y + z = 11$ folgt $z = 11 - y$. Durch Einsetzen in die 1. Gleichung erhält man
$7x + 5y - (11 - y) = 8$
bzw. $\qquad 7x + 6y = 19$.
Da x und y natürliche Zahlen sind, gilt: $0 \leqq x \leqq 2$, denn $7 \cdot 3$
$= 21 > 19$. Setzt man für x die Zahl 0 ein, so erhält man $6y = 19$;

es gibt keine natürliche Zahl y, die diese Gleichung erfüllt. Somit entfällt $x = 0$. Setzt man für x die Zahl 1 ein, so ergibt sich $y = 2$, und es folgt $z = 9$. Für $x = 2$ gibt es ebenfalls keine natürliche Zahl y.

Unterhaltsame Geometrie

1. Wir stellen den Ziegelstein so auf eine Tischecke, daß Stein und Tischkante auf Kante stehen. Wir markieren mit einem Bleistift den Umriß des Ziegels auf dem Tisch und verschieben den Stein längs einer Tischkante bis genau hinter diese Markierung. Dann messen wir mit einem Lineal in der Luft die Strecke von der Tischecke zu der senkrecht über der Markierung liegenden entfernten Ecke des Ziegelsteines. Hier noch eine andere Lösung: Wir legen ein Lineal mit der Kante entlang der Diagonalen der oberen Ziegelfläche, verschieben das Lineal um die Länge dieser Diagonalen und messen den Abstand AM.

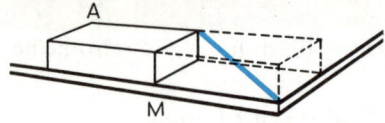

2. (1) $a, c, d, f,$ (2) $b, c, f.$

3.

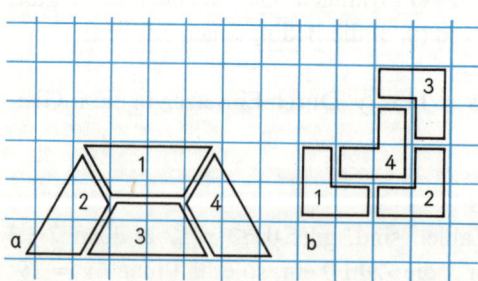

142

4.

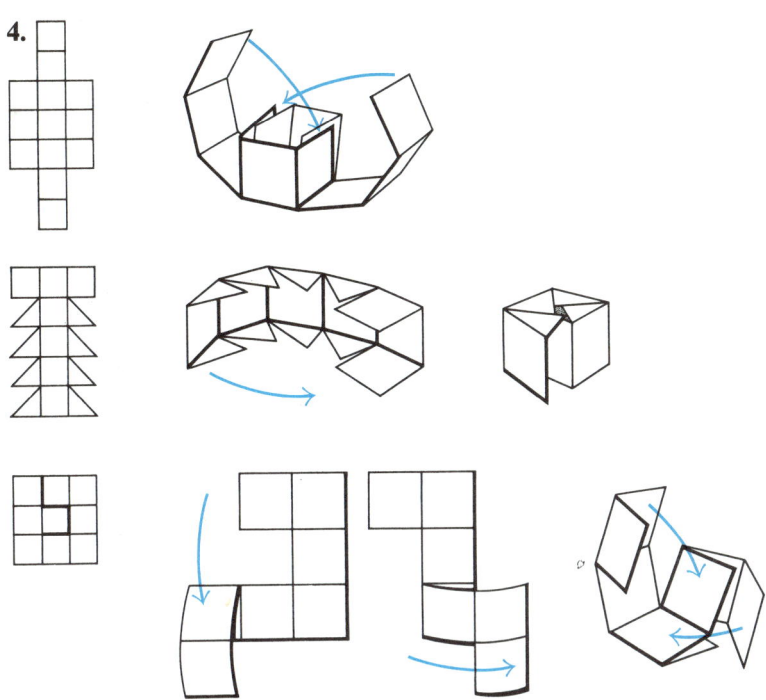

5. Es ist der Brief von Dorette.

6.

Zerlegte Figuren	1	2	3	4	5	6	7	8	9	10	11	12
Figuren	a	d	b	e	c	a	e	b	c	d	e	c

7.

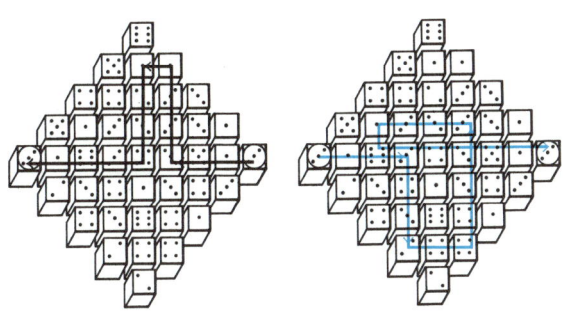

143

Größen gesucht

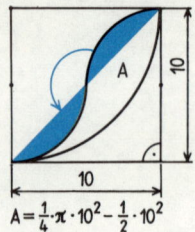

$A = \frac{1}{4} \cdot \pi \cdot 10^2 - \frac{1}{2} \cdot 10^2$
$A \approx 28,5$

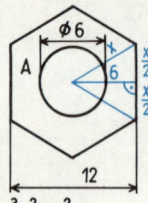

$\frac{3}{4} x^2 = 6^2$
$x = 4\sqrt{3}$
$A = 3 \cdot 6x - 3^2 \cdot \pi$
$= 72\sqrt{3} - 9 \cdot \pi$
$A \approx 96,4$

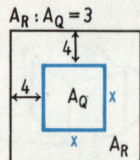

$A_R : A_Q = 3$

Gesucht: x
$\left(\frac{x}{2}+4\right)^2 : \left(\frac{x}{2}\right)^2 =$
$(A_R + A_Q) : A_Q = 4$
$\Rightarrow (x+8) : x = 2$
$x = 8$

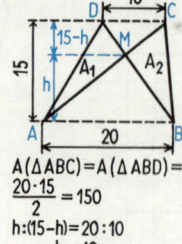

$A(\triangle ABC) = A(\triangle ABD) =$
$\frac{20 \cdot 15}{2} = 150$
$h : (15-h) = 20 : 10$
$h = 10$
$A = (\triangle ABM) = 100$
$A_1 = A_2 = 150 - 100$
$= 50$

$A = 10^2 - 2 \cdot 5^2$
$A = 50$

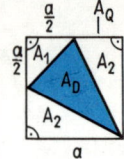

Gesucht: $A_Q : A_D$
$A_D = A_Q - A_1 - 2A_2 =$
$a^2 - \frac{a^2}{8} - \frac{a^2}{2} = \frac{3}{8} a^2 = \frac{3}{8} A_Q$
$\Rightarrow A_Q : A_D = 8 : 3$

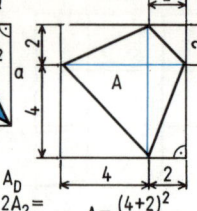

$A = \frac{(4+2)^2}{2}$
$A = 18$

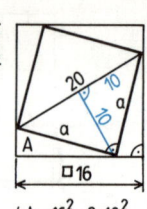

$4A = 16^2 - 2 \cdot 10^2$
$A = 14$
$a = 10\sqrt{2}$

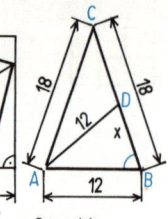

Gesucht: x
$\triangle ABC \sim \triangle DBA$
$12 : 18 = x : 12$
$18x = 144$
$x = 8$

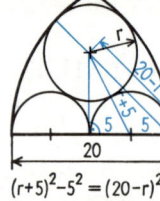

$(r+5)^2 - 5^2 = (20-r)^2 - 10^2$
$10r = 300 - 40r$
$r = 6$

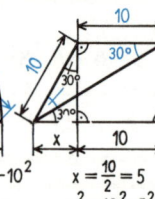

$x = \frac{10}{2} = 5$
$y^2 = 10^2 - 5^2$
$y = 5\sqrt{3} \approx 8,7$

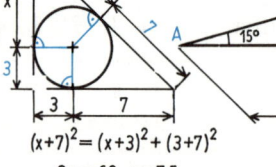

$(x+7)^2 = (x+3)^2 + (3+7)^2$
$8x = 60; \; x = 7,5$

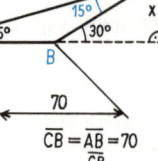

$\overline{CB} = \overline{AB} = 70$
$x = \frac{\overline{CB}}{2} = 35$

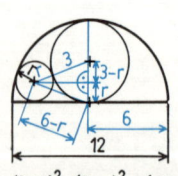

$(3+r)^2 - (3-r)^2 = (6-r)^2 - r^2$
$12r = 36 - 12r$
$r = 1,5$

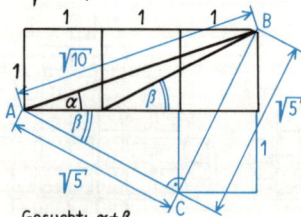

Gesucht: $\alpha + \beta$
$\left. \begin{array}{l} \overline{CA} = \overline{CB} \\ \sphericalangle ACB = 90° \end{array} \right\} \Rightarrow \alpha + \beta = 45°$
(Pythagoras)

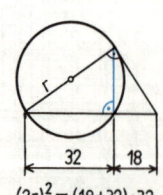

$(2r)^2 = (18+32) \cdot 32$
$r^2 = 8 \cdot 50$
$r = 20$

144

8. Das Quadrat wird halbiert und gefalzt bei AB und CD. Das ergibt Punkt 0. $\overline{AO}$ und $\overline{BO}$ werden wieder halbiert und gefalzt. Punkt E findet man, indem $\overline{AK}$ so umgeklappt wird, daß K auf dem Falz liegt, der die Strecke $\overline{AO}$ halbiert. Dann wird AE gefalzt, und die Punkte F, G und H sind nicht mehr schwer zu finden.

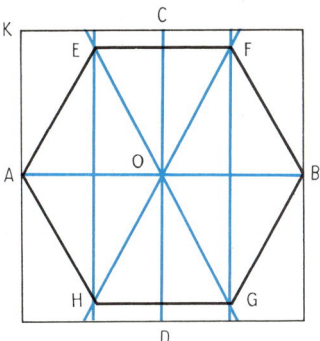

9. $b = 5a$; $c = 6a$; $d = 4a$.

10.

A		B	B		A
16	1⏐4	13	14	3⏐2	15
6	8⏐5	12	11	9⏐7	10

11. Es ist festzustellen, wie viele geschlossene Felder des Schachbretts in die rechtwinkligen Dreiecke ABM und DCM fallen, die bei der Unterteilung der gesamten Fläche durch das Dreieck ADM entstehen. Da die beiden Dreiecke ABM und DCM kongruent sind, genügt es festzustellen, wie viele Schachfelder in einem von beiden liegen.

Wir wählen ein kartesisches Koordinatensystem. Seine positiven Halbachsen x, y sind die Halbgeraden AB, AD. Die Längeneinheit für beide Achsen ist gleich der Länge eines Schachfeldes. Da sowohl das Quadrat als auch das Dreieck konvexe Flächen sind, liegt ein bestimmtes Feld des Schachbretts innerhalb des Dreiecks ABM, wenn die Eckpunkte des Feldes in diesem Dreieck liegen. Bezeichnet man mit $[x, y]$ die Koordinaten des linken unteren Eckpunktes eines Feldes, so sind die Koordinaten aller vier Eckpunkte dieses Feldes $[x, y]$, $[x + 1, y]$, $[x, y + 1]$, $[x + 1, y + 1]$.

Die Gerade durch A und M hat die Gleichung $y = \frac{1}{2}x$. Die Bedingungen für die Eckpunkte lauten somit:

$$0 \leqq x \leqq 7, 0 \leqq y \leqq 7, y \leqq \frac{1}{2}x, y + 1 \leqq \frac{1}{2}x. \qquad (1)$$

Es sind also alle geordneten Paare [x, y] ganzer Zahlen zu suchen, die die Ungleichungen (1) erfüllen. Die Grundmenge Ω ist die Menge aller geordneten Paare ganzer Zahlen. Die Relation ist durch die Formulierung der Aufgabe gegeben, d. h. durch das System der Ungleichung (1).

x	0	1	2	3	4	5	6	7
y	—	—	0	0	0; 1	0; 1	0; 1; 2	0; 1; 2

Bei der Aufstellung der Tabelle können wir die dritte Ungleichung, die sich aus der vierten ergibt, weglassen. Ferner können wir auf den rechten Teil der zweiten Ungleichung verzichten, da sich dieser schon aus der dritten und ersten Ungleichung ergibt. Es genügt also, die Ungleichung $y \geqq 0$ und die erste und die vierte Ungleichung, die in der Form $y = \frac{1}{2}x - 1$ angegeben werden kann, beizubehalten.

Wir erhalten 12 durch die folgenden unteren linken Eckpunkte bestimmte Quadrate:
[2, 0], [3, 0], [4, 0], [4, 1], [5, 0], [5, 1] ,
[6, 0], [6, 1], [6, 2], [7, 0], [7, 1], [7, 2] .
Die gleiche Anzahl Schachfelder liegt im Dreieck *DCM*. Insgesamt sind es somit 24 Felder (was leicht auszählbar ist).

Training an moderner Mathematik

1. Zu (1): Die Zahlen $\sqrt{2}$ und die von ihr verschiedene Zahl $\sqrt{8}$ sind irrational, ihr Produkt $\sqrt{2} \cdot \sqrt{8} = 4$ ist dagegen rational. Aussage (1) ist also falsch.

Zu (2): $\sqrt{2}$ und $-\sqrt{2}$ sind verschiedene irrationale Zahlen. Ihre Summe ist 0. Das ist eine rationale Zahl. Aussage (2) ist also falsch.

Zu (3): Angenommen, es gäbe eine rationale Zahl r und eine irrationale Zahl x, deren Summe $r + x$ eine rationale Zahl wäre. Dann gäbe es ganze Zahlen a, b, c, d mit $b \neq 0$, $d \neq 0$, so daß

146 gilt: $r = \frac{a}{b}$ und $r + x = \frac{c}{d}$.

Nach Umformung ergibt sich $x = \dfrac{c}{d} - \dfrac{a}{b} = \dfrac{bc - ad}{bd}$. Das steht im Widerspruch zur Annahme, daß x irrational wäre. Damit ist bewiesen, daß Aussage (3) wahr ist. (Zum Beweis von (3) kann auch statt der rechnerischen Umformung von $x = \dfrac{c}{d} - \dfrac{a}{b}$ als Satz zitiert werden, daß die Differenz zweier rationaler Zahlen stets wieder eine rationale Zahl ist.)

2. Es sei a eine beliebige natürliche Zahl, dann ist $a + 1$ ihr Nachfolger und $2 \cdot a \cdot (a + 1)$ das geforderte doppelte Produkt.
Für die angegebene Summe gilt $a^2 + (a + 1)^2$. Soll das Produkt um 1 kleiner sein als die Summe, so muß gelten:
$2a(a + 1) + 1 = a^2 + (a + 1)^2$.
Die äquivalente Umformung dieser Gleichung ergibt für jedes $a \in N$
$2a^2 + 2a + 1 = a^2 + a^2 + 2a + 1$.
Deshalb gilt die Behauptung für alle natürlichen Zahlen, w.z.b.w.

3. Es ist $\tan \alpha = \dfrac{1}{3}$ und $\tan \beta = \dfrac{1}{7}$.
Aus der in diesem Fall gültigen Beziehung

$$\tan (\alpha + \beta) = \frac{\tan \alpha + \tan \beta}{1 - \tan \alpha \tan \beta} \text{ erhält man}$$

$$\frac{\dfrac{1}{3} + \dfrac{1}{7}}{1 - \dfrac{1}{3} \cdot \dfrac{1}{7}} = \frac{\dfrac{10}{21}}{\dfrac{20}{21}} = \frac{10}{21} \cdot \frac{21}{20} = \frac{1}{2} \,,$$

d. h., $\tan (\alpha + \beta) = \dfrac{1}{2}$.
Es ist $\tan 26{,}5° < 0{,}5 < \tan 26{,}6°$.
Wegen $0° < \alpha < 45°$ und $0° < \beta < 45°$ gilt stets $26{,}5° < \alpha + \beta < 26{,}6°$, w.z.b.w.

4. Wegen $6 \cdot 1 + 3 \cdot 3 = 15$ und $24 - 15 = 9$ muß die Summe aus den Noten der übrigen drei Fächer kleiner als 9 sein, damit der Zensurendurchschnitt besser als 2 wird; denn $24 : 12 = 2$, aber $23 : 12 < 2$. In den übrigen Fächern muß mindestens eine 2 vorhanden sein.

147

5. a) Bei einer geometrischen Folge ist der Quotient zweier auf-einanderfolgender Glieder konstant. Wird er mit q bezeichnet, dann läßt sich die Folge z. B. so aufschreiben:

$$\frac{m}{q}, m, mq$$

(was für unsere Rechnung günstiger ist als die übliche Form: a, aq, aq^2. Beide Schreibarten sind gleichartig, wenn $a = \frac{m}{q}$ gesetzt wird, sieht man es).

Es gilt:

$$\frac{m}{q} + m + mq = 19, \tag{1}$$

$$\frac{m^2}{q^2} + m^2 + m^2q^2 = 133. \tag{2}$$

Substituieren wir $x = q + \frac{1}{q}$, so folgt

$$m(x + 1) = 19, \tag{1'}$$

$$m^2(x + 1)(x - 1) = 133. \tag{2'}$$

Hieraus erhalten wir

$$x = \frac{19}{m} - 1 \quad \text{bzw.} \quad x^2 = \frac{19^2}{m^2} - \frac{2 \cdot 19}{m} + 1$$

und $x^2 = \frac{133}{m^2} + 1$, folglich durch Gleichsetzen

$$m = 6 \quad \text{und} \quad x = \frac{13}{6} \quad \text{sowie} \quad q = \frac{2}{3} \quad \text{oder} \quad \frac{3}{2}.$$

Damit haben wir zwei Folgen der gewünschten Art: 4, 6, 9 oder 9, 6, 4.

b) Wir stellen die Gleichungen auf

$$a + aq^3 = 13, \tag{1}$$

$$aq + aq^2 = 4. \tag{2}$$

Die Folge lautet $\frac{1}{5}, \frac{4}{5}, \frac{16}{5}, \frac{64}{5}$ oder $\frac{64}{5}, \frac{16}{5}, \frac{4}{5}, \frac{1}{5}$.

6. a) Eine äquivalente Umformung der Ungleichung $\frac{8(2x + 1)}{5} < 3x$ + 2 führt zu $16x + 8 < 15x + 10$ bzw. $x < 2$.
Daraus folgt:

b) $L_1 = \{0, 1\}$, $\tag{1}$

$L_2 = \{-3; -2; -1; 0\}$, $\tag{2}$

$M = \{0\}$. $\tag{3}$

7. Die Wahrscheinlichkeit für das Kommen einer Linie ergibt sich aus ihrer relativen Häufigkeit, z. B. fahren innerhalb von 30 min an der Haltestelle: 6mal eine »5«, 6mal eine »2«, 3mal eine »10« und 2mal eine »15« vorbei, insgesamt also 17 Bahnen, davon entfallen 6 Bahnen auf die »2«. Die relative Häufigkeit für die »2« beträgt somit

$$P_2 = \frac{6}{17} = 0,353 \,,$$

d. h., daß etwa von drei vorüberfahrenden Bahnen eine Bahn eine »2« ist.

8. α ist parallel zu β ($\alpha \parallel \beta$) genau dann, wenn $\alpha = \beta$ oder $\alpha \cap \beta = \varnothing$ ist.

g ist parallel zu h ($g \parallel h$) genau dann, wenn g und h in einer gemeinsamen Ebene liegen und wenn $g = h$ oder $g \cap h = \varnothing$ ist.

Und nun zum Beweis des Satzes:

Nach Voraussetzung ist $\alpha \cap \varepsilon \neq 0$, also eine Gerade g, und $\beta \cap \varepsilon \neq 0$, also ebenfalls eine Gerade h. Sei $\alpha \cap \varepsilon = g$; $\beta \cap \varepsilon = h$. Wegen $g \subset \varepsilon$ und $h \subset \varepsilon$ liegen diese Geraden in einer gemeinsamen Ebene, nämlich ε. Wegen $\alpha \parallel \beta$ treffen wir folgende Fallunterscheidung:

1. $\alpha = \beta \Rightarrow g = \alpha \cap \varepsilon = \beta \cap \varepsilon = h$, d. h. $g \parallel h$.
2. $\alpha \cap \beta = \varnothing \Rightarrow g \cap h = (\alpha \cap \varepsilon) \cap (\beta \cap \varepsilon) = \alpha \cap \varepsilon \cap \beta \cap \varepsilon$
$$= (\alpha \cap \beta) \cap (\varepsilon \cap \varepsilon) = \varnothing \cap \varepsilon = \varnothing \,;$$

demnach ist auch hier $g \parallel h$.

9.

c) Tetraeder (gerade, unregelmäßig)

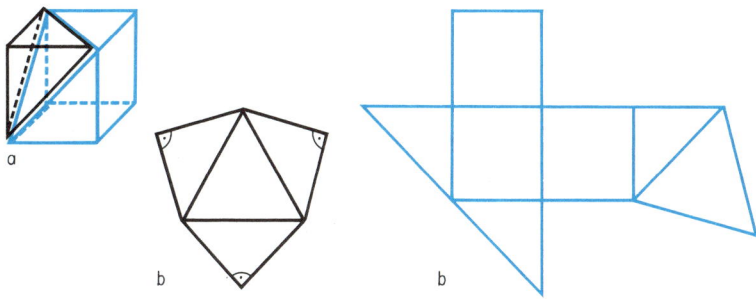

a

b   b

149

Wie Hund und Katze

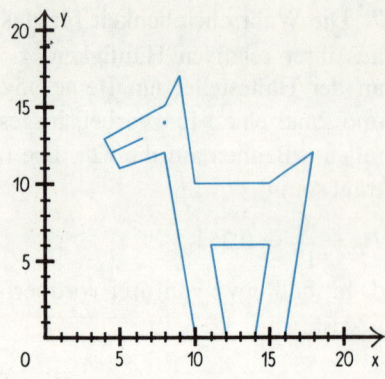

a) Da alle Funktionen lineare Funktionen sind, wird jede dieser Funktionen durch eine Strecke dargestellt, die durch ihre Randpunkte eindeutig bestimmt ist. Man erhält z. B. für die Funktion f_1 mit dem Definitionsbereich $4 \leqq x \leqq 8$ und der Zuordnungsvorschrift $y = \dfrac{x}{2} + 11$ den Randpunkt der entsprechenden Strecke mit den Koordinaten $x = 4$; $y = 2 + 11 = 13$ und den Randpunkt mit den Koordinaten $x = 8$; $y = 4 + 11 = 15$. Die graphische Darstellung der gegebenen 14 Funktionen ergibt das obige Bild.

---

10. Man ordne die Bleistifte so an, daß abwechselnd 20 bzw. 19 in einer Reihe sind, wobei jedesmal auf Lücke gelegt wird! So paßt eine zusätzliche Reihe hinein:
$5 \cdot 20 + 4 \cdot 19 = 100 + 76 = 176$.
Man kann dann 176 Bleistifte unterbringen.

11. Aus (1) folgt: Wenn B nicht teilnimmt, dann auch A nicht. Mit anderen Worten, wenn A teilnimmt, so auch B (Kontraposition). Wegen (2) nimmt auch C immer teil, wenn A erscheint.

12. Aus (4) folgt, daß die Zahl 2 sowohl der Menge A als auch der Menge B angehört. Aus (5) folgt, daß die Zahlen 2, 4 und 8 sowohl der Menge B als auch der Menge C angehören. Die Zahl 2 gehört daher allen drei Mengen an, während die Zahlen 4 und 8 nicht der Menge A angehören, da sonst ein Widerspruch zu (4) entstehen würde.

150 Nun gehört wegen (1) die Zahl 1 weder der Menge A noch der

b)

Funktion	Definitions-bereich	Zuordnungsvorschrift
f_1	$4 \leq y \leq 6$;	$x \in P \quad x = 1$
f_2	$4 \leq y \leq 6$;	$x \in P \quad x = -1$
f_3	$-1 \leq x \leq 1$;	$x \in P \quad y = |x| + 5 = -x + 5$

für

$$-1 \leq x \leq 0$$
$$x + 5$$

für

$$0 \leq x \leq 1$$

f_4	$4,5 \leq y \leq 5$;	$x \in P \quad x = 0,5$
f_5	$4,5 \leq y \leq 5$;	$x \in P \quad x = -0,5$
f_6	$-0,5 \leq x \leq 0,5$	$x \in P \quad y = |x| + 4,5 = -x + 4,5$

für

$$-0,5 \leq x \leq 0$$
$$= -x + 4,5$$

für

$$0 \leq x \leq 0,5$$

f_7	$0,25 \leq x \leq 0,25$	$x \in P \quad y = 4$
f_8	$-1 \leq x \leq 0$	$x \in P \quad y = -3x + 1$
f_9	$-0,5 \leq x \leq 0$	$x \in P \quad y = 2x + 1$
f_{10}	$-0,5 \leq x \leq 7$	$x \in P \quad y = 0$
f_{11}	$6 \leq x \leq 7$	$x \in P \quad y = -x + 7$
f_{12}	$3 \leq x \leq 6$	$x \in P \quad y = \dfrac{x}{3} - 1$
f_{13}	$0 \leq y \leq 2$	$y \in P \quad x = 3$
f_{14}	$1 \leq x \leq 3$	$x \in P \quad y = -x + 5$

Menge B an. Wegen (2) und (3) gehört sie daher der Menge C an.
Durch eine analoge Überlegung folgt aus (1), (2) und (3), daß
die Zahl 3 nur der Menge A,
die Zahl 5 nur der Menge A,
die Zahl 6 nur der Menge B,
die Zahl 7 nur der Menge A angehört.
Die Mengen A, B, C enthalten daher genau die folgenden Elemente:
$A = \{2, 3, 5, 7\} \quad B = \{2, 4, 6, 8\} \quad C = \{1, 2, 4, 8\}$.

13. Man bezeichnet die Kanten der Packung mit A, B, C; dabei liegen x a-Längen der Kante (der Länge) A an (es gilt, daß $A = a \cdot x$), y b-Längen der Kante B $(B = b \cdot y)$ und z c-Längen der Kante C $(C = c \cdot z)$. Das Volumen der ganzen Packung ist $ABC = abcxyz$; da abc das Volumen einer Schachtel bezeichnet, gibt das Produkt $x \cdot y \cdot z$ die Anzahl der Schachteln in der Packung an, also $x \cdot y \cdot z = 10$. Da x, y und z nur positive Zahlen sein können, gibt es neun Möglichkeiten, die aus der folgenden Tabelle ersichtlich sind:

x	1	1	10	1	1	2	2	5	5
y	1	10	1	2	5	1	5	1	2
z	10	1	1	5	2	5	1	2	1

Der Papierverbrauch für eine Packung ist durch die Oberflächengröße des aus zehn Schachteln bestehenden Quaders (abgesehen vom Randeinschlag) ausgedrückt:
$2AB + 2AC + 2BC = 2(abxy + acxz + bcyz)$.
Da die Oberfläche möglichst klein sein soll, muß auch die Zahl $W = abxy + acxz + bcyz$ möglichst klein sein.
Man berechnet die Zahl W in den angegebenen neun Fällen:
$28\,709$, $26\,414$, $17\,054$, $24\,918$, $24\,153$, $19\,718$, $17\,678$, $15\,833$ und schließlich $14\,558$ (für $x = 5$, $y = 2$, $z = 1$).
Die ökonomische Packung ist die mit $x = 5$, $y = 2$ und $z = 1$, wie sich jeder beim Kauf einer solchen Packung überzeugen kann.

14. c) Unlösbar, denn es gäbe 7 Wege zwischen den Plätzen. Weil jeder Weg doppelt gezählt wird (von und zu einem Platz), muß sich die Gesamtzahl durch 2 teilen lassen.

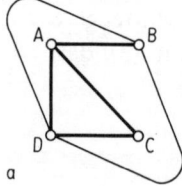

a

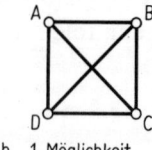

b 1. Möglichkeit

b 2. Möglichkeit

152

Im Alltag eingefangen

1. Es gilt $y = 2x$, $\qquad$ (1)

$y - 2 = 3(x - 2)$. $\qquad$ (2)

Daraus folgt:

$x = 4$; $\quad y = 8$.

Der eine ist 8 Jahre, der andere 4 Jahre im Schachklub.

2. In der folgenden Tabelle bezeichnen wir die Ehemänner mit A, B bzw. C, die Frauen mit a, b bzw. c, wobei $[A, a]$, $[B, b]$ und $[C, c]$ Ehepaare bilden. Ferner gibt die Zahl die Nummer der Überfahrt und der Buchstabe h bzw r an, ob es sich um eine Hin- oder eine Rückfahrt handelt. Bei zwei Möglichkeiten ist die eine in Klammern daneben angegeben.

Südliches Ufer		Nördliches Ufer
—		A, a, B, b, C, c
1 h	a, b; (A, a)	A, B, C, c, (B, b, C, c)
1 r	a	A, B, b, C, c
2 h	a, b, c	A, B, C
2 r	a, b	A, B, C, c
3 h	a, A, b, B	C, c
3 r	a, A	B, b, C, c
4 h	a, A, B, C	b, c
4 r	A, B, C	a, b, c
5 h	A, B, C, a, b	c
5 r	A, B, C, a (A, B, a, b)	b, c (C, c)
6 h	A, B, C, a, b, c	

3. Es sei x die Anzahl der Stollen zu je 17 M und y die Anzahl der Stollen zu je 12 M. Dann gilt

$17x + 12y = 478$ $x \in \mathrm{N}$, $y \in \mathrm{N}$ (N sei die Menge der natürlichen $\quad$ (1) Zahlen),

$$y = 39 - x + \frac{5(2 - x)}{12} \ . \qquad (2)$$

Nun muß 12 $(2 - x)$ teilen, damit y ganzzahlig ist.

153

Also $2 - x = 12\,t$ $t \in G$ (G sei die Menge der ganzen Zahlen)
bzw. $x = 2 - 12\,t$,
und nach Einsetzen in (2) folgt
$y = 37 + 17\,t$.
Wegen der Forderung $x > 10$ und $y > 10$ muß $t = -1$, also $x = 14$
und $y = 20$ sein.
Es waren 14 Stollen zu je 17 M und 20 Stollen zu je 20 M.

4. Von den 100 Personen haben 30 kein Auge, 25 kein Ohr, 20 keine Hand und 15 kein Bein verloren, d. h., (30 + 25 + 20 + 15) Personen = 90 Personen haben wenigstens einen der angegebenen Körperteile nicht verloren.

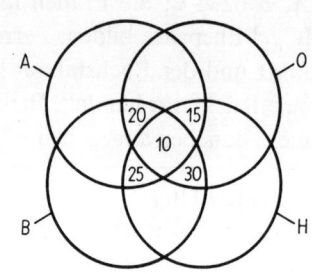

Daraus folgt, daß 10 Personen sowohl ein Auge als auch ein Ohr und eine Hand und ein Bein eingebüßt haben. A: Menge der Personen, die ein Auge verloren haben. Entsprechend gilt B: Bein; O: Ohr; H: Hand.

5. Von den 50 Personen sprechen 10 Personen nur ihre Muttersprache Deutsch. Es verbleiben 40 Personen, die darüber hinaus französisch oder italienisch sprechen. Aus 20 + 35 = 55 und 55 − 40 = 15 folgt, daß 15 Personen französisch und italienisch sprechen.

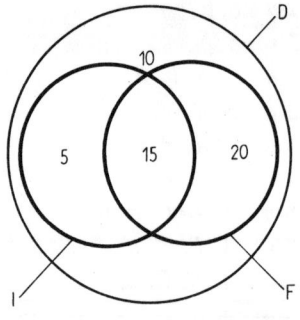

6. Für beliebige natürliche Zahlen a, b aus der zulässigen Menge (Schuhgrößen, Alter) gilt:
$[(2a + 39) \cdot 50 + 29] - (1979 - b) = 100a + b$.

7. (1) $4a + 8c + 4b$; (2) $4a + 4b + 4c$; (3) $6a + 4c + 6b$.
a) (1) > (2) und (3) > (2) führt auf: (2) benötigt den wenigsten Faden.
b) (1) − (2) = $4c$, (3) − (2) = $2a + 2b$, wegen $a + b > 2c$, gilt
$2a + 2b > 4c$, also (3) > (1). Reihenfolge: (2) < (1) < (3).

154

8. Es seien x Fische und y Tische. Dann gilt:

$$y + 1 = x, \tag{1}$$
$$2(y - 1) = x. \tag{2}$$

Daraus folgt durch Gleichsetzungsverfahren $y + 1 = 2(y - 1)$, und damit $y = 3$ und $x = 4$.
Es waren 4 Fische und 3 Tische.

9. Angenommen, der Zirkus wurde anfangs von n Besuchern gefüllt und jeder Besucher hat x Mark pro Platz zu zahlen; dann betrugen die Einnahmen $n \cdot x$ Mark. Nun gilt

$$n \cdot x = (n + y) \cdot \frac{7}{10} \cdot x,$$

$$nx = \frac{7}{10} nx + \frac{7}{10} xy,$$

$$\frac{3}{10} nx = \frac{7}{10} xy,$$

$$3n = 7y,$$

$$y = \frac{3}{7} n \approx 0{,}43n.$$

Die Besucherzahl ist um rund 43 % gestiegen.

10. Die Höhe des Baumes verhält sich zur Länge seines Schattens wie die Höhe des Stabes zur Länge seines Schattens.
Folglich gilt:

$$x : 10 = 3 : 2,$$
$$x = 15.$$

Der Baum ist 15 m hoch.

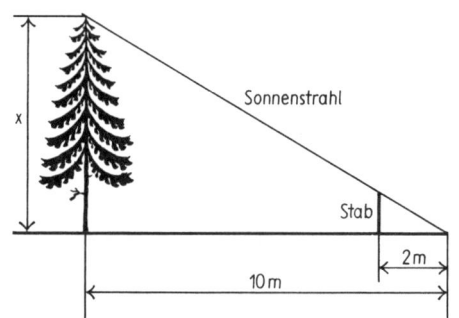

11.

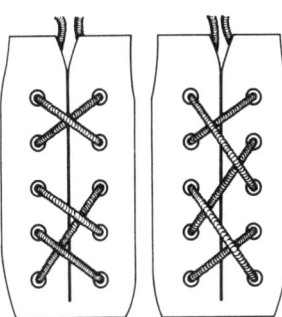

155

12. Aus $\dfrac{1}{2} \cdot \dfrac{2}{3} = \dfrac{1}{3}$ folgt, daß der Reisende während des dritten Teils der gesamten Reisestrecke geschlafen hatte.

13. Die Ziffern an den einzelnen Orten geben die kürzeste Zeit an, die man benötigt, um von A aus zu ihnen zu gelangen. Die zugehörigen Wege sind stärker hervorgehoben. Der kürzeste Weg von A nach B ist in 60 Minuten zu bewältigen.

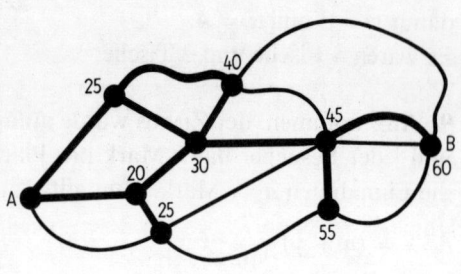

14.

15.

					z. B.	
4846						
4124						
9710	1054	1054	1065	1076		992
6784	9478	9482	9578	9658		992
25464	10532	10536	10643	10734		1984

z. B.

286	467
923	942
1209	1409

(Man kann auf weitere 30 Weisen »lieb sein«.)

16. Es sei x die Anzahl der zu verkaufenden Lose. Dann gilt:

$$5 \cdot x = \frac{87300 \cdot 100}{45} = 194000, \quad x = 38800.$$

Es müssen 38800 Lose zu je 5 Franken verkauft werden, um die beabsichtigte Gewinnausschüttung zu realisieren.

17. Bezeichnet man den Eintrittspreis eines Mitglieds mit x, den eines Gastes mit y, so ergibt sich, wenn man Einnahmen von 420 Mark errechnen will, die Gleichung

$150x + 100y = 420$ und

$$y = 2x,$$

da die Gäste höchstens den doppelten Eintrittspreis zahlen sollen. Wir erhalten: $x = 1,20$ und damit $y = 2,40$.

Da aber möglichst etwas mehr als 420 Mark einkommen sollen und der Eintrittspreis für Gäste höchstens doppelt so groß sein soll wie der für Mitglieder, sind die beiden Gleichungen eigentlich als Ungleichungen zu notieren: $150x + 100y \geqq 420$,

$$2x \geqq y.$$

Dazu ließen sich wegen der unklaren Aussage »etwas mehr als 420 Mark« unendlich viele Vorschläge machen. Ersetzt man sie etwa durch die Aussage »und nicht mehr als 500 Mark«, so hätten die 250 Teilnehmer durchschnittlich 2,50 Mark zu zahlen. Aus der Vielzahl der Möglichkeiten entscheidet sich der Vorstand für 1,50 Mark je Mitglied und 2 Mark je Gast. Damit werden 425 Mark Einnahmen erzielt.

18. Es seien x, y, z, u, v die Anzahl der 50-, 20-, 10-, 5- bzw. 1-Pf-Stücke. Dann gilt:

$50x + 20y + 10z + 5u + v = 100$, \hfill (1)

wobei x, y, z, u, v natürliche Zahlen mit $x \leq 2$, $y \leq 5, z \leq 10$, $u \leq 20$, $v \leq 100$ sind.

Wir könnten nun eine Tabelle aufstellen, aus der alle Lösungen von (1) abzulesen sind; das ist aber sehr umständlich, da die Zahl der Lösungen sehr groß ist.

Wir gehen daher anders vor und beachten zunächst, daß die Summen $5u + v$ und $20y + 10z$ durch 10 teilbar sind und daher nur die Werte 0, 10, 20 ⋯ 100 annehmen können. Ferner kann x nur gleich 0, 1 oder 2 sein.

Nun hat die Gleichung $5u + v = 0$ genau eine Lösung, die den obigen Bedingungen entspricht, nämlich $u = v = 0$; die Gleichung $5u + v = 10$ genau 3 Lösungen, nämlich $u = 0$, $v = 10$; $u = 1$, $v = 5$; $u = 2$, $v = 0$.

Die folgende Tabelle zeigt jeweils die Anzahl der Lösungen, wobei auch die Anzahl der Lösungen für die Gleichung

$20y + 10z = 100$, 90, 80 usw. angegeben ist.

$5u + v$	Anzahl der Lösungen	$20y + 10z$	Anzahl der Lösungen
0	1	100	6
10	3	90	5
20	5	80	—5
30	7	70	—4
.	.	.	.
.	.	.	.
.	.	.	.
90	19	10	—1
100	21	0	—1

Die Anzahl der Lösungen der Gleichung (1) ist also gleich $n = 1 \cdot (21 + 19) + 2 \cdot (17 + 15) + 3 \cdot (13 + 11) + 4 \cdot (9 + 7) + 5 \cdot (5 + 3) + 6 \cdot 1 + 1 \cdot (11 + 9) + 2 \cdot (7 + 5) + 3 \cdot (3 + 1) + 1$;
dabei stehen in der ersten Zeile der rechten Seite der Gleichung die Anzahl der Lösungen für $x = 0$, in der zweiten Zeile für $x = 1$ und $x = 2$ (nur 1 Lösung). Denn im Falle $20y + 10z = 0$ oder 10 erhalten wir jeweils eine Lösung für diese Gleichung und 21 Lösungen für die Gleichung $5u + v = 100$ sowie 19 Lösungen für die Gleichung $5u + v = 90$ usw. Aus (2) erhalten wir weiter $n = 40 + 64 + 72 + 64 + 40 + 6 + 20 + 24 + 12 + 1$. $n = 343$.
Es gibt also genau 343 Möglichkeiten, den Betrag von 1 Mark zu wechseln.

19. $y = x + 2$,   (1)
$12x + 12y = 260$,   (2)
$12x + 12(x + 2) = 260$,
$$x = 9\frac{5}{6}.$$

Der eine Bote ist also täglich $9\frac{5}{6}$ Meilen, der andere $11\frac{5}{6}$ Meilen gegangen.

158

1. Es muß gelten $60n + 1 = x$, wobei $x = 7a$.

$$60n + 1 = 7a\,,$$

$$a = \frac{60n + 1}{7}\,,$$

$$a = 8n + \frac{4n + 1}{7}\,.$$

Diese Gleichung hat für $n = 5,\ 12,\ 19,\ \dots$ ganzzahlige positive Lösungen.

Für $n = 5$ ist $x = 301$,

für $n = 12$ ist $x = 721$,

für $n = 19$ ist $x = 1141$ usw.

Diese Aufgabe hat einen einfachen Lösungsweg, wenn man es wie Bhaskara macht. Im vergangenen Jahrhundert »bewies« allerdings ein Mathematiker die Richtigkeit des Resultats erst nach einigen Seiten.

2. Die Anzahl der Tage sei x.

$$\frac{x - 1}{6} + 3 = \frac{x}{5}\,,$$

$$x = 85\,.$$

Es sind 85 Tage.

3. $x^2 + (10 - x)^2 = 58\,,$

$$x_1 = 7\,,$$

$$x_2 = 3\,.$$

Die Summanden sind 7 und 3.

4. Bei jedem Sprung verringert der Hund den ursprünglichen Abstand von 150 Fuß um 2 Fuß.

$$9 - 2 = 7\,, \qquad 150 : 2 = 75$$

Also hat der Hund den Hasen nach 75 Sprüngen eingeholt.

5. Um eine bestimmte Masse zu wägen, muß man, wenn man die Wägestücke nur auf eine einzige Waagschale legen darf, diese Masse als Summe der Massen der vorhandenen Wägestücke darstellen, und zwar so, daß jedes Wägestück nicht mehr als einmal

159

genommen wird. Wählen wir die Wägestücke p_1, p_2, p_3, p_4 und p_5, so muß jeder Körper mit der Masse $Q \leqq 30$ kg folgendermaßen dargestellt werden:

$$Q = a_1p_1 + a_2p_2 + a_3p_3 + a_4p_4 + a_5p_5 \,,$$

wobei ein Koeffizient gleich Eins ist, wenn das entsprechende Wägestück auf die Waage gelegt wird, und gleich Null, wenn das betreffende Wägestück nicht benutzt wird. Bei dieser Fragestellung erkennt man die Ähnlichkeit mit der Darstellung der Maßzahl von Q, abgekürzt $\{Q\}$ geschrieben, im Dualsystem. Man braucht als p_1, ... , p_5 nur die folgenden Wägestücke zu nehmen

$p_1 = 1$ kg, $p_2 = 2$ kg, $p_3 = 4$ kg, $p_4 = 8$ kg, $p_5 = 16$ kg .

Die Summe ihrer Maßzahlen ist $1 + 2 + 4 + 8 + 16 = 31$, also größer als 30. Außerdem kann jede Zahl $\{Q\}$, die nicht größer als 31 ist, in der Form

$$\{Q\} = b_4 \cdot 2^4 + b_3 \cdot 2^3 + b_2 \cdot 2^2 + b_1 \cdot 2^1 + b_0 2^0$$

dargestellt werden, wobei jeder der Koeffizienten b_0, ... , b_4, so wie wir es brauchen, entweder Null oder Eins ist.

6.

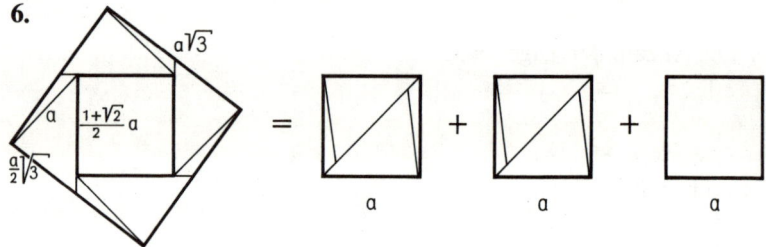

7. Die Anzahl der Lotosblumen sei x.

$$\frac{1}{3}x + \frac{1}{5}x + \frac{1}{6}x + \frac{1}{4}x + 6 = x \,,$$

$x = 120$.

Es waren 120 Lotosblumen im ursprünglichen Strauß.

8.

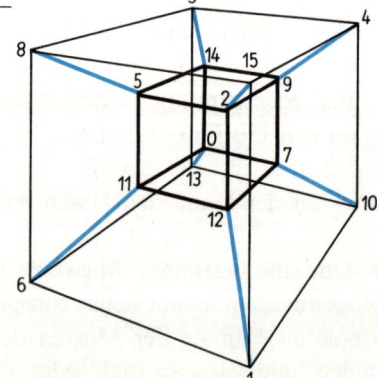

160

9. Der Geldbetrag des Dritten sei x.

$$12x + 4x + x = 204,$$
$$x = 12.$$

Der erste Geselle gibt 144 Gulden, der zweite 48 Gulden und der dritte 12 Gulden.

10. Der Preis für einen Apfel betrage x Denare, für eine Birne y Denare. Dann gilt

$$9x - y = 13, \tag{1}$$
$$-x + 15y = 6, \qquad x = 15y - 6,$$
$$134y = 67, \tag{2}$$
$$y = 0,5, \qquad x = 1,5.$$

Ein Apfel kostet 1,5 Denare und eine Birne 0,5 Denare.

11. Wir tragen, von einem beliebigen Punkt A des gegebenen Kreises ausgehend, dreimal den Radius $\overline{AO}$ ab, so daß $\overline{AB} = \overline{BC} = \overline{CD} = \overline{OA}$ ist. Danach schlagen wir um die Punkte A und D als Mittelpunkte Kreise mit dem Radius $\overline{AC} = \overline{BD}$ und bezeichnen ihre Schnittpunkte mit E und E'. Bringen wir jetzt den gegebenen Kreis mit einem um A mit dem Radius $\overline{OE}$ geschlagenen Kreis zum Schnitt und sind F und F' die Schnittpunkte, so ist $\overline{AF}$ eine Seite eines dem gegebenen Kreis einbeschriebenen Quadrates.

Beweis: Im rechtwinkligen Dreieck ADC gilt $\overline{AD} = 2\overline{CD}$, und somit auch $\overline{AC}^2 = 3\overline{CD}^2$. Daraus folgt weiter, daß in dem rechtwinkligen Dreieck AEO ferner $\overline{OE}^2 = 2\overline{AO}^2$ gilt, d. h., $\overline{OE} = \overline{AF} = \overline{AO}\sqrt{2}$ ist die Seite eines dem Kreis einbeschriebenen Quadrates.

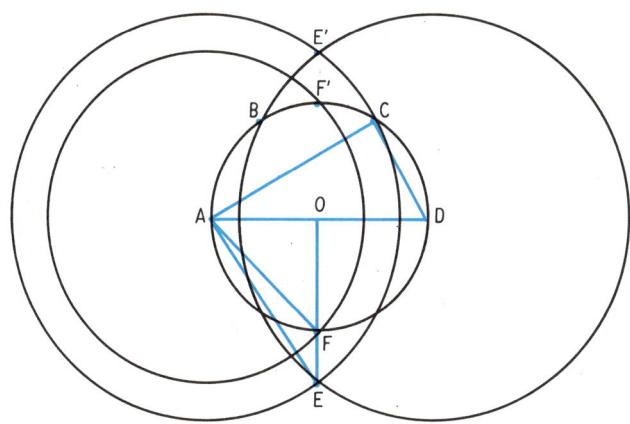

161

12. Wir bezeichnen den Teil des anfänglichen Grasvorrates auf 1 ha, der im Laufe einer Woche hinzuwächst, mit y. Auf der ersten Wiese wächst in einer Woche $3\frac{1}{3}y$ hinzu und in 4 Wochen $3\frac{1}{3}y \cdot 4 = \frac{40}{3}y$ des Vorrates, der anfänglich auf 1 ha vorhanden war. Das ist gleichbedeutend mit einer Vergrößerung der Anfangsfläche der Wiese auf $\left(3\frac{1}{3} + \frac{40}{3}y\right)$ Hektar. Die Ochsen fraßen soviel Gras, wie auf einer Wiese mit der Fläche $\left(3\frac{1}{3} + \frac{40}{3}y\right)$ ha vorhanden ist. In einer Woche fraßen 12 Ochsen den vierten Teil und 1 Ochse in der Woche $\frac{1}{48}$ dieser Menge, d. h. den Vorrat, der auf einer Fläche von $\frac{1}{48} \cdot \left(3\frac{1}{3} + \frac{40}{3}y\right)$ ha $= \frac{10 + 40y}{144}$ ha vorhanden ist.

Auf die gleiche Weise ermitteln wir den Flächeninhalt einer Wiese, die ein Ochse in einer Woche leer frißt, aus den Angaben für die zweite Wiese:

Wochenzuwachs auf   1 ha: y ,
neunwöchiger Zuwachs auf   1 ha: $9y$,
neunwöchiger Zuwachs auf 10 ha: $90y$.

Die Fläche des Wiesenstückes, das den Grasvorrat zur Fütterung von 21 Ochsen in 9 Wochen bringt, ist gleich $(10 + 90y)$ ha. Die Fläche, die für die Fütterung eines Ochsen in einer Woche ausreicht, ist

$$\frac{10 + 90y}{9 \cdot 21} \text{ ha} = \frac{10 + 90y}{189} \text{ ha groß .}$$

Da die Fütterung der Ochsen als konstant angenommen wird, gilt:

$$\frac{10 + 40y}{144} \text{ ha} = \frac{10 + 90y}{189} \text{ ha .}$$

Die Lösung dieser Gleichung lautet $y = \frac{1}{12}$.

Bestimmen wir jetzt die Wiesenfläche, die für die Haltung eines Ochsen auf die Dauer einer Woche ausreicht:

$$\frac{10 + 40y}{144} \text{ ha} = \frac{10 + 40 \cdot \frac{1}{12}}{144} \text{ ha} = \frac{5}{54} \text{ ha .}$$

Nun können wir an die ursprüngliche Fragestellung anknüpfen.

Die gesuchte Anzahl Ochsen wurde mit x bezeichnet. Es gilt also

$$\frac{24 + 24 \cdot 18 \cdot \dfrac{1}{12}}{18x} = \frac{5}{54},$$

woraus sich $x = 36$ ergibt. Auf der dritten Wiese können in 18 Wochen 36 Ochsen gehalten werden.

13.

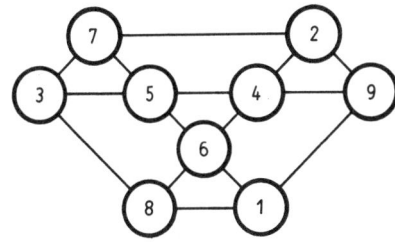

14. $4 = 2 + 2$ $10 = 5 + 5$
     $6 = 3 + 3$ ...
     $8 = 5 + 3$ $46 = 41 + 5$
                              $48 = 43 + 5$

15. $1^3 + 12^3 = 1 + 1728 = 1729$.
      $9^3 + 10^3 = 729 + 1000 = 1729$.

16. Vom 16. 7. 1799 hat man bis zum gesuchten Datum 2770 Tage zurückzurechnen; denn es gilt $8113 - 5343 = 2770$. Auf das Jahr 1799 entfallen 197 Tage (nämlich 16 Tage im Juli; $3 \cdot 31$ Tage in den Monaten Januar, März, Mai; $2 \cdot 30$ Tage in den Monaten April und Juni, 28 Tage im Februar.) Auf die Jahre 1792 bis 1798 entfallen 2557 Tage (da es 5 Jahre zu je 365 Tage und 2 Schaltjahre zu je 366 Tage sind). Es verbleiben 16 Tage (da $2770 - 197 - 2557 = 16$ gilt); rechnet man diese vom Ende Dezember 1791 zurück, so erhält man als gesuchtes Datum den 15. 12. 1791.

163

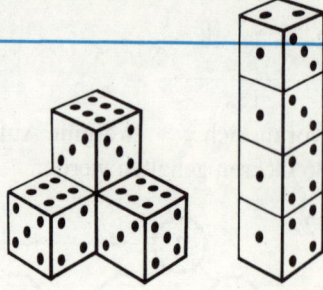

2. Die größte Augensumme der dargestellten Würfelvierlinge beträgt 67 (links), die kleinste 36 (rechts).

6.

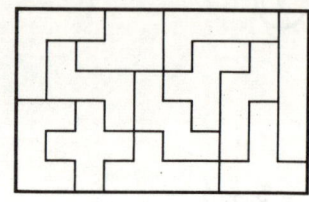

7. Es müssen die 3, 12, 14, 23, 25 und 34 besetzt werden. Es muß nämlich jeder der jeweils 6 waagerecht (z), senkrecht (s) und diagonal (d, e) verlegten Wege mit einem Polizisten besetzt sein. Das sichert, wenn die Bedingung des Punktes 34 vorgegeben ist, nur die angegebene Anordnung:

$3:$ s_3, z_1, d_1, e_5; $12:$ s_6, z_2, d_4, e_6;

$14:$ s_2, z_3, d_2, e_3; $23:$ s_5, z_4, d_5, e_4;

$25:$ s_1, z_5, d_3, e_1; $34:$ s_4, z_6, d_6, e_2.

8.

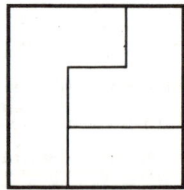

10.

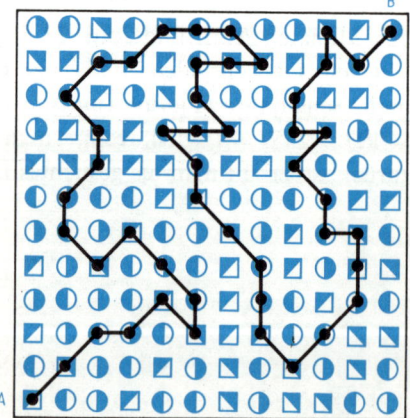

11. Es seien x, y und z die Augenzahlen der drei Würfel, dann gilt

$[(2x + 5) \cdot 5 + 10 + y] \cdot 10 + z = s$,

$100x + 10y + z = s - 350$.

Beispiel: Die Würfel zeigen die Augen 2, 3 und 6; dann ist folgende Rechnung durchzuführen:

$2 \cdot 2 = 4$; $4 + 5 = 9$; $9 \cdot 5 = 45$; $45 + 10 = 55$; $55 + 3 = 58$; $58 \cdot 10 = 580$; $580 + 6 = 586$; $586 - 350 = 236$, also Augenzahl 2; 3; 6.

12. Im Fall eines roten und eines weißen Würfels beträgt die Anzahl der Ergebnisse $6 \cdot 6 = 36$. Im Falle von Würfeln gleicher Art: Wenn wir auf beiden Würfeln dieselbe Zahl bekommen, so ist es einerlei, ob wir sie unterscheiden können oder nicht. Solche Fälle gibt es 6. Die übrigen 30 Fälle sehen wir hingegen als paarweise gleichartig an, weil wir nicht unterscheiden können, auf welchem Würfel die eine und auf welchem die andere Zahl herauszubekommen ist. Wir erhalten demnach statt der 30 nur 15 Fälle. Im Endergebnis bekommen wir jetzt 21.

Geschwindigkeit ist Weg durch Zeit

---

1. Man rechnet nach der Formel $v = \dfrac{s}{t}$:

$v_1 = \dfrac{366 \text{ km}}{123 \text{ min}}$, $v_2 = \dfrac{1176{,}5 \text{ km}}{421 \text{ min}}$,

$v_1 \approx 2{,}976 \dfrac{\text{km}}{\text{min}}$, $v_2 \approx 2{,}795 \dfrac{\text{km}}{\text{min}}$,

$v_1 \approx 178{,}5 \dfrac{\text{km}}{\text{h}}$, $v_2 \approx 167{,}7 \dfrac{\text{km}}{\text{h}}$.

Die Durchschnittsgeschwindigkeiten betragen etwa $178{,}5 \dfrac{\text{km}}{\text{h}}$ bzw. $167{,}7 \dfrac{\text{km}}{\text{h}}$.

2. Man rechnet in beiden Fällen nach der Formel $s = v \cdot t$ und löst nach t auf.

Mailand: $s = v \cdot t$,   Hammerfest: $s = v \cdot t$,

$t_1 = \dfrac{s}{v}$, $t_2 = \dfrac{s}{v}$,

$t_1 = \dfrac{25 \text{ m}}{340 \text{ m} \cdot \text{s}^{-1}}$, $t_2 = \dfrac{2900 \text{ km}}{300\,000 \text{ km} \cdot \text{s}^{-1}}$,

$t_1 \approx 0{,}0735 \text{ s}$. $t_2 \approx 0{,}0097 \text{ s}$.

Die Laufzeit des Schalls beträgt rund 0,07 s, die Laufzeit der elektromagnetischen Welle rund 0,01 s.

Der Fernsehzuschauer in Hammerfest vernimmt also die Musik eher.

3. In beiden Aufgaben verwendet man die Formeln $v = g \cdot t$ und $s = \dfrac{g}{2} \cdot t^2$. Man eliminiert t und löst nach v auf.

$s = \dfrac{g}{2} \cdot t^2$,

$v = g \cdot t$,

$t^2 = \dfrac{v^2}{g^2}$,

$s = \dfrac{g \cdot v^2}{2 \cdot g^2} = \dfrac{v^2}{2g}$,

$v^2 = 2gs$,

$v = \sqrt{2gs}$.

a) $v_1 = \sqrt{2gs}$,   b) $v_2 = \sqrt{2gs}$,

$v_1 = \sqrt{\dfrac{2 \cdot 9{,}81 \text{ m} \cdot 80 \text{ m}}{\text{s}^2}}$ $v_2 = \sqrt{\dfrac{2 \cdot 9{,}81 \text{ m} \cdot 5 \text{ m}}{\text{s}^2}}$

$v_1 \approx 39{,}6 \dfrac{\text{m}}{\text{s}}$, $v_1 \approx 143 \dfrac{\text{km}}{\text{h}}$, $v_2 \approx 9{,}9 \dfrac{\text{m}}{\text{s}}$, $v_2 \approx 35{,}7 \dfrac{\text{km}}{\text{h}}$.

Die Endgeschwindigkeiten betragen rund $143 \dfrac{\text{km}}{\text{h}}$ bzw. $35{,}7 \dfrac{\text{km}}{\text{h}}$.

4. Die Fallhöhe s ergibt sich aus der Formel

$v^2 = 2gs$,

$s = \dfrac{v^2}{2g}$, $s = \dfrac{125^2 \cdot \text{m}^2 \cdot \text{s}^2}{9^2 \cdot \text{s}^2 \cdot 2 \cdot 9{,}81 \text{ m}}$, $\left(50 \dfrac{\text{km}}{\text{h}} = \dfrac{125}{9} \dfrac{\text{m}}{\text{s}} \right)$, $s \approx 9{,}8 \text{ m}$.

Die entsprechende Fallhöhe würde rund 9,80 m betragen.

5. Aus der Formel $f = \dfrac{1}{T}$ und $T = \dfrac{t}{n}$ folgt

$t = T \cdot n$,

$t = n \cdot \dfrac{1}{f}$,

$t = 50 \cdot \dfrac{1}{440}\,\text{s}$,

$t \approx 0{,}114\,\text{s}$.

Die Stimmgabel führt in etwa 0,114 Sekunden 50 Schwingungen aus.

6. Die Laufzeit für Anissimowa betrug 12,77 s + 0,01 s = 12,78 s,

ihre Geschwindigkeit $v = \dfrac{10\,000\ \text{m}}{1278\ \text{s}}$.

Die Strecke, die sie in der Hundertstelsekunde zurücklegte, die ihr

Schaller voraushatte, beträgt $\dfrac{10\,000\ \text{m}}{1278\ \text{s}} \cdot \dfrac{1}{100}\,\text{s} \approx 7{,}82\ \text{cm}$. J. Schaller

hatte also einen hauchdünnen Vorsprung von kaum 8 cm.

7. Das zweite Boot kam deshalb später an, weil es sich eine kürzere

Zeit mit $24\,\dfrac{\text{km}}{\text{h}}$ Geschwindigkeit bewegte als mit $16\,\dfrac{\text{km}}{\text{h}}$. Mit

$24\,\dfrac{\text{km}}{\text{h}}$ Geschwindigkeit bewegte es sich $\dfrac{24}{24}$ h, also eine Stunde, und mit

$16\,\dfrac{\text{km}}{\text{h}}$ bewegte es sich $\dfrac{24}{16}$ h, also $1\dfrac{1}{2}$ Stunden. Deshalb hat es auf dem

Hinweg auch mehr Zeit verloren, als es auf dem Rückweg aufzuholen vermochte.

Rund um die Uhr

8. Möge bis zum Zusammentreffen der Zeiger der Stundenzeiger x Minutenteilstriche des Zifferblattes weitergerückt sein; dann rückt der Minutenzeiger in der gleichen Zeit $(45 + x)$ Minutenteilstriche

weiter. Da der Stundenzeiger in der gleichen Zeit $\dfrac{1}{12}$ der Bahn des

Minutenzeigers zurücklegt, gilt: $x = \dfrac{45 + x}{12}$, $x = 4\dfrac{1}{11}$.

Der Minutenzeiger erreicht den Stundenzeiger in $49\dfrac{1}{11}$ Minuten.

167

9. Die Geschwindigkeit des Minutenzeigers sei v_1, die des Stunden-zeigers v_2; dann gilt:

$$v_1 = \frac{s_1}{t_1} = \frac{2\pi r_1}{t_1} = \frac{2\pi \cdot 2 \text{ cm}}{1 \text{ h}} = 4\pi \frac{\text{cm}}{\text{h}},$$

$$v_2 = \frac{s_2}{t_2} = \frac{2\pi r_2}{t_2} = \frac{2\pi \cdot 1{,}5 \text{ cm}}{12 \text{ h}} = \frac{\pi}{4} \frac{\text{cm}}{\text{h}},$$

$$v_1 : v_2 = 4\pi : \frac{\pi}{4} = 16 : 1.$$

Die Geschwindigkeit der Spitze des Minutenzeigers ist 16mal so groß wie die der Spitze des Stundenzeigers.

10. In 1 h beschreibt der kleine Zeiger einen Winkel von $30°$; in 1 min beschreibt der kleine Zeiger einen Winkel von $0{,}5°$. In 1 min beschreibt der große Zeiger einen Winkel von $6°$. Nun gilt $x(6° - 0{,}5°) = 90°$, also $x = 16\frac{4}{11}$. Nach $16\frac{4}{11}$ Minuten bilden beide Zeiger zum ersten Mal einen rechten Winkel, wenn beide Zeiger zuvor auf die Zahl 12 zeigten. $n \cdot 16\frac{4}{11} = 24 \cdot 60$, also $n = 88$ (dabei wurden die gestreckten Winkel mitgezählt).
Im Verlauf von 24 Stunden bilden der Stunden- und der Minuten-zeiger einer Uhr 44mal einen rechten Winkel.

11. Mit x min bezeichnen wir die Zeit, die vergeht, bis die Uhrzeiger einander gegenüberstehen. Der große Zeiger überstreicht x Minuten-teilstriche des Zifferblattes, und in gleicher Zeit überstreicht der kleine Zeiger $\frac{x}{12}$ Minutenteilstriche. Wenn die Zeiger einander gegen-überstehen, liegt zwischen ihnen eine Differenz von 30 Minuten-teilstrichen. Also gilt:

$$x - \frac{x}{12} = 30, \quad x = 32\frac{8}{11}.$$

Die Zeiger stehen nach $32\frac{8}{11}$ Minuten einander gegenüber.

12. Um 5^{00} Uhr beträgt der Unterschied zwischen großem und kleinem Zeiger 25 Minutenteilstriche. Zum gegebenen Zeitpunkt befindet sich der große Zeiger nur noch 3 Minutenteilstriche zurück.

22 Teilstriche wurden also aufgeholt. In einer Minute durchläuft der große Zeiger einen Teilstrich und der kleine $\frac{1}{12}$ dieses Teilstrichs.

Jede Minute holt der Minutenzeiger also $1 - \frac{1}{12} = \frac{11}{12}$ Teilstriche

auf. Für das Aufholen von 22 Teilstrichen benötigt er also $22 : \frac{11}{12}$

$= 24$ Minuten, so daß es zum gegebenen Zeitpunkt 5.24 Uhr war.

---

13. Soll sich ein Körper auf einer Kreisbahn frei um die Erde bewegen, so muß seine Geschwindigkeit so groß sein, daß die entstehende Fliehkraft F_Z gleich der Schwerkraft F_G wird. $F_Z = F_G$ mit

$$F_Z = \frac{m \cdot v^2}{r} \text{ und } F_G = m \cdot g \,.$$

$$\frac{m \cdot v^2}{r} = m \cdot g \,,$$

$$v = \sqrt{r \cdot g} \,,$$

$$v = \sqrt{\frac{6378 \text{ km} \cdot 9{,}81 \text{ km}}{1000 \cdot \text{s}^2}} \,,$$

$$v = 7{,}91 \frac{\text{km}}{\text{s}} \,.$$

Die Bahngeschwindigkeit muß mindestens $7{,}91 \frac{\text{km}}{\text{s}}$ betragen.

---

14. Die Gleichung für die gleichförmige Bewegung ist nach t aufzulösen.

$$v = \frac{s}{t} \,,$$

$$t = \frac{s}{v} \,,$$

$$t = \frac{5\,910\,000\,000 \text{ km} \cdot \text{s}}{300\,000 \text{ km}} \,,$$

$$t = 19\,700 \text{ s} \,,$$

$$t = 328 \frac{1}{3} \text{ min} = 5 \text{ h } 28 \frac{1}{3} \text{ min} \,.$$

Das Licht braucht rund 328 min bzw. rund $5\frac{1}{2}$ h von der Sonne zum Pluto.

169

15. $71568 + 71568 + 71568 = 214704$

Einige der 28 Lösungen: $825 + 1207 = 2032$; $745 + 3419 = 4164$; $472 + 6715 = 7187$; $382 + 7816 = 8198$

16. Bis zum Treffpunkt ist der Weg s_R des Radfahrers 5 km länger als der Weg des Fuhrwerks s_F. Dann gilt $s_R - 5 = s_F$ mit $s_R = 15 \cdot t_R$ und $s_F = 10(t_R + 1)$.

Also $15\, t_R - 5 = 10(t_R + 1)$,

und es ist $t_R = 3$,

$$s_R = 45,$$
$$s_F = 40,$$
$$t_F = 4.$$

Ferner sei

$\overline{AC} = x$ km und $\overline{BC} = (x - 5)$ km, dann ist

$$t_R = \frac{x}{15} \text{ und } t_F = \frac{x - 5}{10}.$$

Nun ist aber auch

$$t_F = t_R + \frac{4}{3},$$

$$t_F = \frac{x}{15} + \frac{4}{3} = \frac{x + 20}{15},$$

also $\dfrac{x - 5}{10} = \dfrac{x + 20}{15}$,

$x = 55$.

Die Gemeinden B und C sind also 55 km voneinander entfernt, der Radfahrer überholt das Fuhrwerk um 10 Uhr, und zwar 10 km vom Ort C entfernt.

17. Die Endgeschwindigkeit $v = 90\, \dfrac{\text{km}}{\text{h}}$ bekommt er nach der Zeit t und dem Weg s. Es gilt (v_0 Anfangsgeschwindigkeit, a Beschleunigung):

$$v = v_0 + a \cdot t,$$

$$t = \frac{v - v_0}{a},$$

$$t = \frac{72000 \text{ m} \cdot s^2}{3600 \text{ } s \cdot 0,8 \text{ m}},$$

$t = 25\,\text{s}.$

Weiterhin gilt:

$$s = v_0 \cdot t + \frac{1}{2} a\, t^2 \,,$$

$$s = 18\,\frac{km}{h} \cdot 25\,s + \frac{1}{2} \cdot 0{,}8\,\frac{m}{s^2} \cdot 25^2 s^2 \,,$$

$$s = 375\,m \,.$$

Der Rennschlitten erreicht eine Geschwindigkeit von $90\,\dfrac{km}{h}$ nach 25 Sekunden Fahrzeit und 375 m hinter der Startlinie.

18. Stromab legt der Dampfer in einer Stunde $\dfrac{1}{3}$ der Entfernung zurück, stromauf dagegen nur $\dfrac{2}{9}$. Die Differenz $\left(\dfrac{1}{9}\right)$ entspricht der doppelten Strömungsgeschwindigkeit. Je Stunde legt das Fäßchen also $\dfrac{1}{18}$ des Weges zurück und die gesamte Strecke in 18 Stunden.

19. Ist v_D die Geschwindigkeit des D-Zuges, v_G die Geschwindigkeit des Güterzuges und Δv die Geschwindigkeitsdifferenz, dann gilt
$$v_D = v_G + \Delta v \qquad \text{bzw.}$$

$$\frac{s}{t_D} = \frac{s}{t_G} + \Delta v \,,$$

$$s t_G = s \cdot t_D + \Delta v \cdot t_D \cdot t_G \,,$$

$$s = \frac{\Delta v \cdot t_D \cdot t_G}{t_G - t_D} \,,$$

$$s = \frac{240\,m\ 7{,}5\,min \cdot 9{,}5\,min}{min \cdot 2\,min} \quad \text{mit } 4\,\frac{m}{s} = 240\,\frac{m}{min} \,,$$

$$s = 8550\,m \,.$$

Die Länge des Tauerntunnels beträgt 8550 m.

20. Man beachte, daß sich die beiden Geschwindigkeiten addieren.
Aus $v = v_1 + v_2 = 45\,\dfrac{km}{h} + 36\,\dfrac{km}{h} = 81\,\dfrac{km}{h}$

und $s = v \cdot t = 81\,\dfrac{km}{h} \cdot 6\,s = 135\,m$ folgt, daß der erste Zug eine Länge von 135 m hatte.

171

Naturwissenschaftliche Plaudereien

1. Die Masse berechnet man z. B. nach der Formel $m = A_0 \cdot x$, wobei A_0 die Oberfläche des Ballons sei und x die Masse eines Quadratmeters der Hülle. Dann ist

$$A_0 = 4\pi r^2 \qquad \text{und}$$
$$m = 4\pi r^2 \cdot x \,,$$
$$m = 4 \cdot 3{,}14 \cdot 4^2 \cdot m^2 \cdot 240 \, \frac{g}{m^2} \,,$$
$$m \approx 48\,200 \, g \,.$$

Die Ballonhülle hat eine Masse von etwa 48,2 kg.

2. Die Abbildung zeigt die Anordnung der Rohre, bei der das Umfangsband am kürzesten ist.

Es habe das Band die Länge l.

Dann ist

$$l = 6 \cdot 10 \, cm + \pi \cdot 10 \, cm \,,$$
$$l = 10 \, cm \, (6 + \pi) \,,$$
$$l \approx 91{,}4 \, cm \,.$$

Das Band ist 91,4 cm lang.

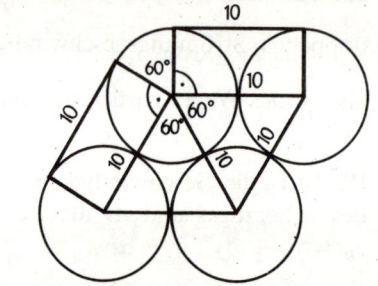

3. Die Mopedbatterie besitzt eine Ladungsmenge bzw. Elektrizitätsmenge von $Q = I \cdot t = 4{,}5$ Ah. Nun hat die Glühlampe nach dem Gesetz über die elektrische Leistung $P = U \cdot I$ mit $I = \dfrac{P}{U}$

$$= \frac{0{,}6 \, VA}{6 \, V} = 0{,}1 \, A$$ eine Stromstärke von 0,1 A.

Nun muß folgende Gleichung gelten, denn die vorhandene und verbrauchte Ladungsmenge hat den gleichen Wert:

$$Q = I \cdot t \,, \quad 4{,}5 \, Ah = 0{,}1 A \cdot t \,, \quad t = \frac{4{,}5 \, Ah}{0{,}1 \, A} \,, \quad t = 45 \, h \,.$$

Die Lampe leuchtet 45 Stunden.

4.

$A = 20$ kp,	$E = 5$ kp,	$I = 10$ kp,
$B = 5$ kp,	$F = 5$ kp,	$K = 20$ kp,
$C = 10$ kp,	$G = 10$ kp,	$L = 40$ kp,
$D = 20$ kp,	$H = 5$ kp,	$M = 40$ kp.

5. Die Kraft berechnet man nach der Formel $F = m \cdot a$. Weiter gilt $V = a \cdot t$ bzw. $a = \dfrac{v}{t}$. Das setzt man in $F = m \cdot a$ ein und erhält $F = m \cdot \dfrac{v}{t}$. Nun gilt:

$$F = 0,7 \text{ kg} \cdot \frac{18 \text{ m}}{s \cdot 0,02 \text{ s}},$$

$$F = 630 \text{ N}.$$

Die Schußkraft des Fußballspielers beträgt 630 N.

6. Für die Frequenz gilt $f = \dfrac{n}{t}$. Für $n = 1$ ist $f = \dfrac{1}{T}$, wobei T die Dauer eines Vorgangs symbolisiert, z. B. die Zykluszeit des Rechners.

$$f = \frac{1}{T} = \frac{1}{1,3 \cdot 10^{-6} \text{ s}} \approx 770 \cdot 10^{3} \frac{1}{\text{s}}.$$

Die Frequenz des Computers beträgt demnach etwa 770 kHz. Er kann ca. 46,2 Millionen Rechenoperationen lösen, denn

$$\frac{60 \text{ s}}{1,3 \cdot 10^{-6} \text{ s}} \approx 46,2 \cdot 10^{6}.$$

7. ESEL; SOSSE; HELL.
Es lassen sich noch weitere solche Aufgaben finden, wenn man beachtet, daß den Ziffern 0; 1; 3; 4; 5; 7; 9 folgende Buchstaben entsprechen: O; I; E; h; S; L; G.

8. Es sei F die Kraft, die auf die Schulter des vorderen Mannes wirkt. Dann erhalten wir nach dem Hebelgesetz die folgende Beziehung

$$F \cdot 2 \text{ m} = 981 \text{ N} \cdot 0,8 \text{ m}.$$

Nach Umstellung ergibt sich

$$F = \frac{981 \cdot 0,8}{2} \text{ N} \quad \text{bzw.} \quad F = 392,4 \text{ N (40 kp)}.$$

Demzufolge wirkt auf den hinten laufenden Mann eine Kraft von 588,6 N, auf den vorn laufenden eine Kraft von 392,4 N.

9. Nach dem Archimedischen Prinzip ist die Gewichtskraft der von einem Körper verdrängten Flüssigkeitsmenge gleich dem Auftrieb F_A. Also ist

$$F_A = V \cdot \varrho \cdot g \quad \text{mit} \quad \varrho = 1 \frac{g}{\text{cm}^3} \quad \text{und} \quad g = 9,81 \frac{\text{m}}{\text{s}^2}$$

173

und $V = \dfrac{m}{\varrho_k}$ mit $m = \dfrac{G}{g}$ und $\varrho_k = 0,2 \dfrac{g}{cm^3}$.

Dann ist

$$F_A = \dfrac{G \cdot \varrho \cdot g}{g \cdot \varrho_k},$$

$$F_A = \dfrac{G \cdot \varrho}{\varrho_k},$$

$$F_A = \dfrac{35,3\,N \cdot 1}{0,2},$$

$$F_A \approx 176\,N .$$

Da Gewicht und Auftrieb entgegenwirken, erhält man eine Tragkraft F von

$$F = F_A - G ,$$

$$F = 176\,N - 35,3\,N ,$$

$$F \approx 141\,N .$$

Die Tragkraft des Ringes beträgt etwa 141 N (14,4 kp).

10. Die Gewichte A und D werden angehoben, die Gewichte B und C senken sich.

11. Die Hubarbeiten berechnet man nach der Formel $W = G \cdot h$,
a) $W_1 = G_1 \cdot h_1$,
   $W_1 = 35\,kp \cdot 0,38\,m$,
   $W_1 = 13,3\,kpm \approx 130\,Ws$,
   $13,3\,kpm \cdot 6 = 79,8\,kpm \approx 783\,Ws$.
b) $W_2 = G_2 \cdot h_1$,
   $W_2 = 10\,kp \cdot 7,2\,m$,
   $W_2 = 72\,kpm \approx 706\,Ws$.
c) $W_1 > W_2$

12. Das Volumen dieser Pyramide berechnet man nach der Formel
$V = \dfrac{a^2 \cdot h}{3}$. Nach dem Satz des Pythagoras gilt für die Höhe dieser

Pyramide $h = \sqrt{s^2 - \left(\dfrac{d}{2}\right)^2}$,wobei s die Länge der Seitenkante und
d die Länge der Diagonalen der Grundfläche bezeichnet.

Es gilt $V = \dfrac{5^2 \cdot 4,97}{3}\,m^3$,

$ V = 41,42\,m^3$.

Von diesem Volumen ist das Volumen für den Beton zu subtrahieren, um das Volumen des Gesteins zu erhalten.

Wir berechnen 55 % von 41,42 m³ und erhalten 22,78 m³ für das Volumen des Gesteins.

Es seien m die Masse, V das Volumen und ϱ die Dichte des Gesteins der Pyramide. Dann gilt

$m = V \cdot \varrho$, $m = 22{,}78 \text{ m}^3 \cdot 2{,}6 \text{ t} \cdot m^{-3}$,

$m = 59{,}2 \text{ t}$.

Die Masse des Gesteins beträgt etwa 59 t.

13.
Es gilt
z. B.:

	VOLVO	71 671	MOON	9 552
+	F I A T	9 542	MEN	902
	‾‾‾‾‾	‾‾‾‾‾	+ CAN	382
	MOTOR	81 213	‾‾‾‾‾	‾‾‾‾‾
			REACH	10 836

Aus (1) und (2) folgt $A = 2$.

Aus (3) und $A = 2$ folgt $R2D2R = 111^2$.

Wegen $111^2 = 12321$ gilt $R = 1$ und $D = 3$.

14. Die Brennweite des Objektivs sei f_1 und die des Okulars f_2. Dann gilt

$f_1 - f_2 = 14$

$\underline{\quad f_1 = 5f_2 \quad}$

$f_1 = 17{,}5$,

$f_2 = 3{,}5$.

Die Brennweite des Objektivs muß 17,5 cm und die des Okulars 3,5 cm betragen.

15. Bei einer Umdrehung der Tretkurbel legt der Radfahrer den Weg $s = \dfrac{46}{16} \cdot \pi \cdot 0{,}7 \text{ m} \approx 6{,}32 \text{ m}$ zurück, wobei 46:16 das Übersetzungsverhältnis zwischen den beiden Kettenrädern ist. Die Anzahl der Umdrehung auf einem Weg von 120 km beträgt also

$\approx 19\,000$.

16. Für das Volumen des Blattgoldes gilt

$V = 100 \cdot 100 \cdot \dfrac{1}{90\,000} \text{cm}^3$; $V = \dfrac{1}{9} \text{cm}^3$.

175

Die Masse des Blattgoldes beträgt demzufolge

$$m = \frac{1}{9}\,cm^3 \cdot 19{,}3\frac{g}{cm^3}\,; \quad m \approx 2{,}14\,g\,.$$

Man braucht etwa 2,14 g Gold für 1 m² Blattgold.

17. Die Anzahl der Balken in der untersten Lage sei x. Für die Summe der 6 Lagen gilt dann die Gleichung

$$x + (x - 1) + (x - 2) + (x - 3) + (x - 4) + (x - 5) = 105\,,$$
$$x = 20\,.$$

In der untersten Lage müssen 20 Balken liegen.

18. In allen drei Beispielen benutzt man die Formel $G = m \cdot g$.

a) $G = m \cdot g$,

$G = 25\,kg \cdot 9{,}81\,ms^{-2}$,

$G \approx 245\,N$.

b) $G = m \cdot g$,

$G = 25\,kg \cdot 9{,}78\,ms^{-2}$,

$G \approx 244\,N$.

c) $G = m \cdot g$,

$G = 25\,kg \cdot 9{,}83\,ms^{-2}$,

$G \approx 246\,N$.

Der Koffer hat am 45. Breitengrad ein Gewicht von etwa 245 N, am Äquator von etwa 244 N und am Nordpol von etwa 246 N.

Heiterer Stundenplan

---

1. In beiden Klassen werden an diesen beiden Tagen acht verschiedene Fächer von vier Lehrern unterrichtet. Unter Beachtung von a) und b) und auf Grund des Stundenplanausschnittes sind folgende Fachkombinationen für diese Lehrer nicht möglich: Physik/Sport, Physik/Mathematik, Physik/Deutsch. Nach f) sind auch die Kombinationen: Physik/Geographie und Physik/Geschichte nicht möglich.

Es verbleiben die Kombinationen Physik/Biologie und Physik/Zeichnen. Da nach a) und b) auch die Kombination Deutsch/Mathematik nicht möglich ist, muß nach c) Fräulein Fischer Physik unterrichten.

Ferner entfällt wegen c) auch die Kombination Physik/Biologie, d. h., Frl. Fischer unterrichtet die Fächer Physik und Zeichnen. Aus d) folgt, daß Herr Reichelt folgende Fächer nicht unterrichtet: Physik, Deutsch, Mathematik, Sport, Biologie. Da Frl. Fischer Zeichnen unterrichtet, entfällt dieses Fach ebenfalls für Herrn Reichelt. Deshalb unterrichtet Herr Reichelt die Fächer Geographie und Geschichte.

Auf Grund des Stundenplanausschnittes sind auch die Kombinationen Deutsch/Geographie, Deutsch/Biologie nicht möglich.

Aus e) und den bisherigen Überlegungen folgt, daß Frau Helmert die Fächer Mathematik und Biologie unterrichtet. Für Herrn Walter verbleiben somit die Fächer Deutsch und Sport.

2. Bei einer Übersetzung von 91,8 Zoll legt der Sportler x m je Umdrehung zurück, und es gilt:

$$x = \frac{7{,}26 \cdot 91{,}8 \text{ m}}{91{,}1} \approx 7{,}32 \frac{\text{m}}{U} \, .$$

Bei der vorgegebenen Trittfrequenz in 1 min somit

$$120 \frac{U}{\text{min}} \cdot 7{,}32 \frac{\text{m}}{U} = 878{,}40 \frac{\text{m}}{\text{min}} \, ,$$

in y min werden 200 m durchfahren, und es gilt:

$$y = \frac{200}{878{,}4} \text{ min} \, , \quad y \approx 13{,}7 \text{ s} \, .$$

Weiterhin gilt:

$$v = \frac{s}{t} \, , \quad v = \frac{200 \text{ m}}{13{,}7 \text{ s}} \, , \quad v = \frac{0{,}2 \cdot 3600 \text{ km}}{13{,}7 \text{ h}} \, ; \quad v \approx 52{,}6 \frac{\text{km}}{\text{h}} \, .$$

Zum Durchfahren von 200 m benötigte der Bahnradsportler rund 13,7 s; er fuhr dabei mit einer Durchschnittsgeschwindigkeit von rund $52{,}6 \frac{\text{km}}{\text{h}}$.

3. Silbenrätsel: Definition, Abszisse, Thales, Element, Nomographie, Variable, Ebene, Rhombus, Addition, Relation, Binom, Euler, Ikosaeder, Trapez, Ungleichung, Nenner, Gerade — Datenverarbeitung.

4. Übersetzung: Elf plus neun gleich zwanzig. Wisse, daß ONZE durch 11, NEUF durch 3 und VINGT durch 5 teilbar ist.
Lösung: $4829 + 8976 = 13805$.

5. In der Stadt sind r % Rentner, e % übrige Erwachsene und k % Kinder und Jugendliche.

$r = 0{,}4\,(r + e)\,,$

$r = 0{,}25\,(r + e + k)\,,$

$r + e + k = 100\%\,,$

$r = 25\%\,,\quad e = 37{,}5\%\,,\quad k = 37{,}5\%\,.$

In der Stadt sind 25% Rentner, 37,5% übrige Erwachsene und 37,5% Kinder und Jugendliche.

6. Das regelmäßige Fünfeck ($ABCDE$) liege gezeichnet vor. Wie gesagt, scheidet eine Seitenparallele durch M als Teilungslinie aus. Ein erster Schritt zur Lösung besteht darin, zunächst einmal eine Symmetrale (CF) in das Fünfeck einzuzeichnen. Diese halbiert sicher die Fläche, erfüllt jedoch noch nicht die Bedingung, zu einer der Polygonseiten parallel zu sein. Eine Parallele zu (AB) durch F schneidet (BC) in G. Wir betrachten jetzt das innerhalb des Fünfecks liegende Trapez ($CEFG$) und bezeichnen darin die parallelen Seiten mit $\overline{FG} = a$ und $\overline{CE} = b$. Ferner zerlegt die Diagonale (CF) das Trapez in das Dreieck (CFG) mit dem Flächeninhalt I_1 und das Dreieck (CEF) mit dem Flächeninhalt I_2. Offensichtlich gilt die Proportion

$I_1 : I_2 = a : b$ (1)

Die eingangs gestellte Aufgabe ist nun auf das Problem zurückgeführt, das Trapez ($CEFG$) durch eine Parallele zu (AB) im Verhältnis der anliegenden Seiten, d. h. im Verhältnis $a : b$ zu teilen. Wir bezeichnen die Endpunkte der gesuchten Teilungslinie mit H und K und setzen $\overline{HK} = c$. Außerdem sind die noch unbekannten Abstände der parallelen Strecken a, c mit x und c, b mit y einzuführen. Jetzt kommt es darauf an, die von der Teilungslinie (HK) zu erfüllenden Forderungen mit den hier eingeführten Größen analytisch zu fassen. Für die Inhalte I_1, I_2 der Teiltrapeze gilt:

$2I_1 = (a + c)x,\ 2I_2 = (b + c)y\,.$ (2)

Aus Gleichung (1) und (2) folgt weiter:

$a : b = (a + c)x : (b + c)y\,.$

Diese Proportion läßt sich leicht in eine Gleichung folgender Gestalt überführen:

$(a + c)bx - (b + c)ay = 0\,.$ (3)

Gleichung (3) ist linear in den unbekannten Größen x und y.

Zu einer weiteren linearen Gleichung gelangen wir durch Anwendung eines Strahlensatzes auf das Trapez. Danach gilt die Proportion:

$x:y = (c - a):(b - c)$.

Für unsere weiteren Überlegungen bringen wir sie auf die Form

$$(b - c)x + (a - c)y = 0. \tag{4}$$

Auch diese Gleichung ist linear in x und y. Die Gleichungen (3) und (4) sollen uns zu einer konstruktiven Lösung für c verhelfen. Wir stellen sie deshalb nochmals zusammen:

$$(a + c)bx - (b + c)ay = 0, \tag{5}$$
$$(b - c)x + (a - c)y = 0.$$

Unbekannt sind uns in diesem Gleichungssystem (5) die drei Größen c, x und y, während nur zwei Gleichungen zur Verfügung stehen. Dies ist jedoch kein Grund, den Bleistift entmutigt aus der Hand zu legen. Bei genauerer Betrachtung stellen wir nämlich fest, daß diese Gleichungen nur lineare Glieder in x und y, jedoch kein absolutes Glied enthalten. Man sagt: Das Gleichungssystem (5) ist homogen und linear in x und y. Von diesem System erwarten wir, daß es für x und y von Null verschiedene Lösungen liefert, denn die Trapezseiten a, b und c haben sicher keine verschwindenden Abstände voneinander. Wir betrachten zweckmäßig zunächst zwei Zahlenbeispiele. Das homogene lineare Gleichungssystem

$$3x + 4y = 0$$
$$6x + 7y = 0 \tag{6}$$

läßt lediglich $x = 0$ und $y = 0$ als Lösung zu. Wir ändern jetzt einen der Koeffizienten des Systems (6) und schreiben:

$$3x + 4y = 0$$
$$6x + 8y = 0. \tag{7}$$

Auch in diesem Fall ist $x = 0$ und $y = 0$ eine Lösung von (7). Dies ist jedoch nicht mehr das einzige Zahlenpaar; z. B. würden auch die Zahlen $x = 4$ und $y = -3$ die Gleichungen (7) erfüllen. Man könnte beliebig viele weitere Zahlenpaare angeben, die beide Gleichungen (7) befriedigen. Von dieser zweiten Art muß also das vorliegende homogene lineare Gleichungssystem (5) sein. Eine wesentliche Eigenschaft von (7) besteht darin: Bringt man durch Linearkombination der beiden Gleichungen den Koeffizienten von x zum Verschwinden, dann verschwindet auch der Koeffizient von y und umgekehrt. Man sagt im mathematischen Sprachgebrauch: Die beiden Gleichungen sind voneinander linear abhängig. Lautet das Gleichungssystem allgemein

179

$$a_1x + b_1y = 0$$
$$a_2x + b_2y = 0\,,$$

so muß die Proportion

$$a_1 : a_2 = b_1 : b_2 \tag{8}$$

gelten, wenn für x und y von Null verschiedene Lösungen vorhanden sein sollen.

Diese Erkenntnis wenden wir jetzt auf das Gleichungssystem (5) an. Gemäß (8) hat das Gleichungssystem (5) genau dann von Null verschiedene Lösungen für x und y, wenn die Proportion

$$(a + c)b : (b - c) = (b + c)a : (c - a) \tag{9}$$

besteht. In dieser Proportion ist lediglich die Größe c (Länge der gesuchten Teilstrecke) als Unbekannte enthalten. Aus (9) folgt ein Ausdruck für c, der uns den Schlüssel zu einer konstruktiven Lösung liefert. Durch Ausmultiplizieren von (9) findet man zunächst $(b^2 - c^2)a + (a^2 - c^2)b = 0$.

Eine kurze Zwischenrechnung führt auf die Formel

$$c = \sqrt{ab}\,. \tag{10}$$

Die Länge c der gesuchten Teilungslinie (HK) ist also gleich dem geometrischen Mittel der Trapezseiten a und b. Die Konstruktion dieses Mittelwertes wird zweckmäßig auf die halben Strecken der parallelen Trapezseiten bezogen, wie es das Bild zeigt. Nach dem Höhensatz wird aus $\dfrac{a}{2}$ und $\dfrac{b}{2}$ das geometrische Mittel $\dfrac{c}{2}$ gefunden.

7. Übersetzung: Ein Legespiel: Ein Dreieck ABC ist in drei Teile, X, Y, Z, zerlegt. Seine Schnittlinien gehen durch M, den Mittelpunkt der Strecke $\overline{AB}$, derart, daß sie parallel zu bzw. senkrecht auf der Basis $\overline{BC}$ sind. Zeige, wie die drei Stücke zu einem Rechteck bzw. zu zwei verschiedenartigen Parallelogrammen zusammengelegt werden können! Lösung:

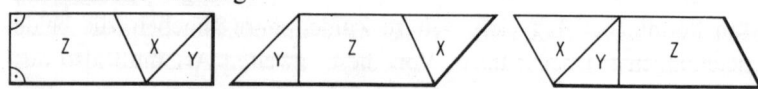

8. a) $p = \dfrac{F}{A} = \dfrac{588{,}6\,\text{N}}{150\,\text{cm}^2} = \dfrac{588{,}6\,\text{N}}{0{,}0150\,\text{m}^2} \approx 39{,}24\,\text{kPa}\,.$

Der Druck des stehenden Menschen auf den Fußboden beträgt 39,24 kPa (0,4 at).

b) $p = \dfrac{588{,}6\,\text{N}}{2000\,\text{cm}^2} = \dfrac{588{,}6\,\text{N}}{0{,}2\,\text{m}^2} \approx 2{,}943\,\text{kPa}\ (0{,}03\,\text{at}).$

Der Druck auf die Schneedecke beträgt 2,943 kPa (0,03 at).
c) Das Verhältnis beträgt 40:3.

9. Der Streifen D erfüllt die gegebenen Bedingungen.

10. $18\,720 - 4900 = 13\,820$

$$
\begin{array}{rcl}
\vdots & \; - & \; - \\
26 \cdot \; 328 &=& 8528 \\
\hline
720 + 4572 &=& 5292
\end{array}
$$

11. Die mechanische Leistung berechnet man mit der Formel
$$P = \frac{W}{t} \; ; \quad P = \frac{932\,\text{J}}{60\,\text{s}} \; ; \quad P \approx 15{,}53\,\text{W} \left(1{,}6\,\frac{\text{kpm}}{\text{s}} \right).$$
Die Leistung des Herzens beträgt etwa $15{,}53\,\text{W} \left(1{,}6\,\dfrac{\text{kpm}}{\text{s}} \right)$.

12. Die Legierung besteht aus x Teilen Silber und y Teilen Kupfer (bezogen auf die Masse 1000). Dann gilt:
$$x + y = 1000 \,. \tag{1}$$
Ferner beträgt die Maßzahl der Masse (in g) des Silbers $\dfrac{20{,}9x}{1000}$, also

die Maßzahl des Volumens (in cm³) $\dfrac{20{,}9x}{1000 \cdot 10{,}5}$ und die Maßzahl

der Masse des Kupfers $\dfrac{20{,}9\,y}{1000}$, also die Maßzahl des Volumens

$\dfrac{20{,}9\,y}{1000 \cdot 8{,}92}$. Also gilt, da das Gesamtvolumen 2,123 cm³ beträgt,

$$\frac{20{,}9x}{1000 \cdot 10{,}5} + \frac{20{,}9\,y}{1000 \cdot 8{,}92} = 2{,}123 \,. \tag{2}$$

Aus (1) und (2) folgt $y = 1000 - x$, also $\qquad\qquad$ (3)

$$\frac{20{,}9}{10{,}5}x + \frac{20{,}9}{8{,}92}(1000 - x) = 2123 \,, \tag{4}$$

$$x \approx 624{,}1 \,.$$

Ferner erhält man wegen (3)
$y = 1000 - 624{,}1 = 375{,}9 \,.$
Rundet man nun diese Ergebnisse auf volle 5 Einheiten auf, so erhält man $x \approx 625$ und $y \approx 375$.
Die Legierung der Gedenkmünze besteht aus rund 625 Teilen Silber und rund 375 Teilen Kupfer.

13. Bahnradius des Mondes $l_2 = 384\,000$ km
Bahnradius des Satelliten l_1
Umlaufzeit: $t_1 = 1$ d
Umlaufzeit: $t_2 = 27{,}33$ d
Nach dem 3. Keplerschen Gesetz verhalten sich die Quadrate der Umlaufzeiten zweier Satelliten wie die dritten Potenzen der Bahnradien (bei elliptischen Bahnen der großen Halbachse).

$$t_1{}^2 : t_2{}^2 = l_1{}^3 : l_2{}^3$$

$$l_1{}^3 = \frac{1^2 \cdot 384\,000^3}{27{,}33^2} \text{ km},$$

$$l_1 \approx 42\,320 \text{ km}.$$

Die Höhe über der Erdoberfläche ist dann $42\,320$ km — 6370 km $= 35\,950$ km.
Der Fernsehsatellit muß sich in einer Höhe von ca. $36\,000$ km über der Erdoberfläche befinden.

Rund um Zirkel und Lineal

---

1. Der Satz lautet: Schnittpunkte der Polaren von P mit der Ellipse sind die Berührungspunkte der Tangenten von P an die Ellipse.

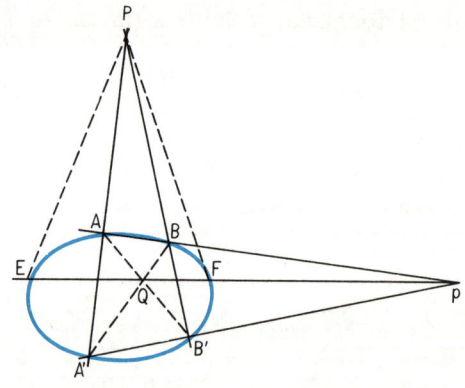

2. Auf die rein geometrische Lösung von Galois müssen wir aus Platzgründen verzichten.
Wesentlich einfacher wird die Lösung, wenn man den Kosinussatz der ebenen Trigonometrie anwendet:

182   Da $\measuredangle\, CDA = 180° - \beta$ und $\cos(180° - \beta) = -\cos\beta$ ist, folgt

aus $x^2 = a^2 + b^2 - 2ab \cos \beta$

und $x^2 = c^2 + d^2 - 2cd \cos (180° - \beta)$
            $= c^2 + d^2 + 2cd \cos \beta$
            $a^2 + b^2 - 2ab \cos \beta = c^2 + d^2 + 2cd \cos \beta$,

also $2\cos \beta \, (ab + cd) = a^2 + b^2 - c^2 - d^2$,

            $2\cos \beta = \dfrac{a^2 + b^2 - c^2 - d^2}{ab + cd}$,

und hieraus

            $x^2 = a^2 + b^2 - \dfrac{ab(a^2 + b^2 - c^2 - d^2)}{ab + cd}$;

analog erhält man

            $y^2 = \dfrac{bc(a^2 + d^2) + ad(b^2 + c^2)}{ad + bc}$.

Diese einfachere Lösungsmethode konnte Galois nicht anwenden, da in dem Mathematik-Kurs nur die Sätze der Elementargeometrie benutzt werden durften.

3. Beweis: Wir erinnern zunächst an folgenden Satz: Um jedes Viereck läßt sich genau dann ein Umkreis beschreiben, wenn die Summe gegenüberliegender Winkel des Vierecks 180° beträgt. Damit zeigen wir: Die Umkreise der außen an das Dreieck ABC gezeichneten drei gleichseitigen Dreiecke schneiden sich in einem Punkt. Zunächst schneiden sich die Umkreise der Dreiecke ARB und ACQ außer im Punkt A noch in einem Punkt D, der innerhalb des Dreiecks ABC liegt. Der erwähnte Satz ergibt nun (auf die Vierecke $ARBD$ und $ADCQ$ bezogen), daß $\sphericalangle R + \sphericalangle ADB = 180°$ sowie $\sphericalangle Q + \sphericalangle ADC = 180°$ ist bzw. $\sphericalangle ADB = \sphericalangle ADC = 120°$ (da $\sphericalangle R = \sphericalangle Q = 60°$ nach Voraussetzung ist). Folglich ist $\sphericalangle BDC = 360° - (\sphericalangle ADB + \sphericalangle ADC) = 120°$, und da $\sphericalangle P = 60°$ ist, gilt $\sphericalangle P + \sphericalangle BDC = 180°$, d. h., D als Eckpunkt des Vierecks $BPCD$ muß ebenfalls entsprechend dem obigen Satz (allerdings in umgekehrter Richtung benutzt) auf dem Umkreis des Dreiecks BPC liegen. Die Verbindungsstrecken der Mittelpunkte der drei gleichseitigen Dreiecke (d. h., die Strecken $\overline{O_1O_2}$, $\overline{O_1O_3}$ und $\overline{O_2O_3}$) stehen auf den gemeinsamen Sehnen der entsprechenden Kreise senkrecht, d. h. auf $\overline{CD}$, $\overline{BD}$ und $\overline{AD}$. Damit stehen die Schenkel der Winkel $O_3O_1O_2$ und BDC paarweise aufeinander senkrecht, womit beide Winkel entweder gleich sind bzw. sich zu 180° ergänzen. Entsprechendes gilt für die Winkel $O_1O_2O_3$ und $O_2O_3O_1$ sowie ADC und ADB. Weil die Summe

183

der drei Winkel des Dreiecks $O_1 O_2 O_3$ nur 180° betragen kann, folgt, daß jeder der Winkel nicht gleich 120°, sondern gleich 60° ist, q.e.d.

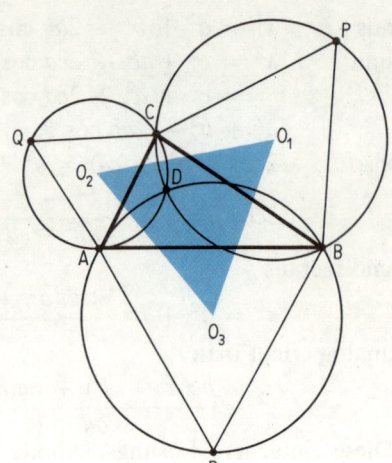

Übersetzung des
englischen Spiegelsatzes:
Tätig war ich,
bevor ich Elba sah.

4. $A = 3ab$; $A = 3a^2$; $A = 4a^2$.

5. Den Flächeninhalt des Vierecks ermittelt man am besten über Teilflächen. Vom Flächeninhalt des Rechtecks A_R mit den Seitenlängen 17 bzw. 12 subtrahiert man die Flächeninhalte der Dreiecke A_1, A_2 und A_3. Dabei ergibt sich jeweils:

$$A_R = 17 \cdot 12 = 204 \,,$$
$$A_1 = \frac{5 \cdot 13}{2} = \frac{65}{2}\,,$$
$$A_2 = \frac{7}{2}\,,$$
$$A_3 = 24\,.$$

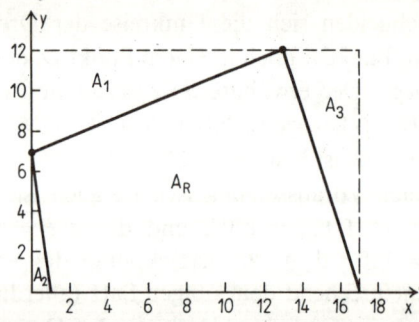

Der Flächeninhalt des Vierecks beträgt also 144 Flächeneinheiten. Denselben Flächeninhalt hat ein Quadrat mit einer Seitenlänge von 12 Längeneinheiten.

6. Es sei a die Kantenlänge des Würfels; dann ist sein Volumen $V_W = a^3$. Jeder der acht abgeschnittenen Teilkörper stellt eine Pyramide $ABCD$ dar, als deren Grundfläche man die Fläche des

184 rechtwinkligen Dreiecks ABC mit den Kathetenlängen $\frac{a}{3}$ und $\frac{a}{3}$ an-

sehen kann und deren Höhe die Länge $\frac{a}{3}$ hat. Das Volumen dieser Pyramide ist gleich

$$V = \frac{1}{3} \cdot \frac{1}{2} \cdot \frac{a}{3} \cdot \frac{a}{3} \cdot \frac{a}{3} = \frac{a^3}{162}.$$

Das Volumen des Restkörpers ist also gleich

$$V_R = a^3 - \frac{8 \cdot a^3}{162} = \frac{77}{81} a^3.$$

Das Volumen des Restkörpers verhält sich daher zu dem Volumen des Würfels wie 77 zu 81.

7. Das Rechteck hat die Länge x und die Breite $20 - x$.
Es soll gelten: $x - (20 - x) \geqq 2$,
$$x \geqq 11.$$
Die Länge einer Seite muß mindestens 11 m sein, die Breite darf höchstens 9 m sein.

8. Es sei $\measuredangle PAQ$ ein Winkel von 63° mit dem Scheitelpunkt A. Man konstruiert ein gleichseitiges Dreieck mit beliebiger Seitenlänge derart, daß ein Eckpunkt mit dem Scheitelpunkt des Winkels zusammenfällt und eine Seite auf einem Schenkel des Winkels liegt. Man erhält so einen Winkel von 3°, den man noch zweimal antragen kann, so daß sich ein Winkel von 9° ergibt. Nun errichtet man im Punkt A auf der Dreieckseite, die auf dem Schenkel des gegebenen Winkels liegt, die Senkrechte und erhält einen Winkel von 21°. Das ist ein Drittel des gegebenen Winkels. Dieser Winkel läßt sich nun an einem der Schenkel des gegebenen Winkels zweimal antragen. Der bei der Konstruktion erhaltene Winkel von 9° ist ein Siebentel des Winkels von 63° und läßt sich siebenmal an einen der Schenkel antragen.

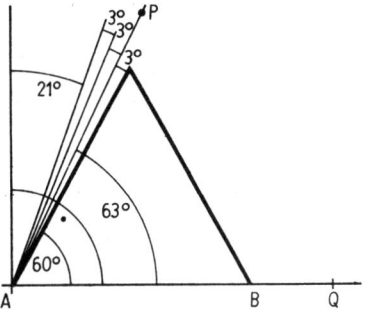

9. Aus $\frac{1}{2} a \cdot h = a^2$ folgt $h = 2a$.

Nun gilt für den Abstand zweier gegenüberliegender Spitzen des Sterns

$2a + a + 2a = 5a$.

Der Abstand von zwei gegenüberliegenden Spitzen des Sterns ist gleich der fünffachen Länge der Quadratseite.

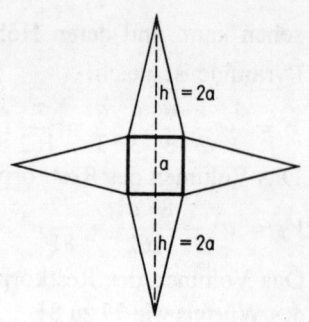

10. In einem regelmäßigen n-Eck hat jeder Innenwinkel die Größe $\alpha = \frac{n-2}{n} \cdot 180°$, folglich gilt:

$$\frac{2n-2}{2n} \cdot 180° - 10° = \frac{n-2}{n} \cdot 180°,$$
$$n = 18.$$

Das erste Vieleck besitzt 18 Seiten, das zweite 36. Jeder Innenwinkel des ersten Vielecks hat die Größe 160°, jeder des zweiten 170°.

11. Wir wollen zur Bezeichnung jedes Schnittpunktes zweier Diagonalen die Namen der vier Eckpunkte dieser beiden Diagonalen verwenden, den Schnittpunkt der Diagonalen $\overline{AC}$ und $\overline{BD}$ also mit $ACBD$ bezeichnen.

Ist diese Bezeichnung korrekt, d. h., haben wir nicht etwa verschiedene Punkte auf dieselbe Weise bezeichnet? Korrekt ist sie, denn wir haben beispielsweise die Buchstaben A, B, C, D nur an den Schnittpunkten der Diagonalen des konvexen Vierecks $ABCD$, d. h. der Diagonalen $\overline{AC}$ und $\overline{BD}$, geschrieben. Wir können darüber hinaus noch mehr bemerken: Zur Bezeichnung der Diagonalschnittpunkte mußten wir jeden der vier Eckpunkte benutzen; das Quadrupel $ACEF$ beispielsweise bezeichnet den Schnittpunkt der Diagonalen $\overline{AE}$ und $\overline{CF}$. Wollen wir jetzt alle Diagonalenschnittpunkte aufzählen, so brauchen wir nichts weiter zu tun, als alle Eckpunktquadrupel aufzuschreiben. Die Anzahl der Diagonalschnittpunkte ist also nichts anderes als die Anzahl der aus der Menge der Eckpunkte wählbaren vierelementigen Untermengen. Das heißt, bei $n = 6$ ist dies $\binom{6}{4}$, was wir ein wenig schneller ausrechnen können, wenn wir ausnutzen, daß das gleich

$\binom{6}{2}$ ist: $\binom{6}{2} = \dfrac{6 \cdot 5}{2} = 15$.

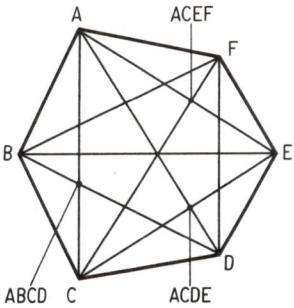

Die Anzahl der Schnittpunkte der Diagonalen eines konvexen n-Ecks beträgt bei den geforderten Bedingungen $\binom{n}{4} = \binom{n}{n-4}$.

12. Nach der Dreiecksungleichung gilt $a < b + c$. Daraus folgt weiter

$a + a < a + b + c$,

$2a < a + b + c$,

$a < \dfrac{1}{2} \cdot (a + b + c) = \dfrac{1}{2} \cdot u$.

13. Es seien a und b die Seitenlängen des Rechtecks, dann gilt

$$(a - x)\left(b + \dfrac{1}{4}b\right) = ab,$$

$$(a - x) \cdot \dfrac{5}{4} \cdot b = ab,$$

$$a - x = \dfrac{4}{5} \cdot a,$$

$$x = \dfrac{1}{5} \cdot a = \dfrac{20}{100} \cdot a.$$

Die andere Seite muß um 20% verkleinert werden, wenn der Flächeninhalt gleich groß bleiben soll.

Spiel mit Zahlen

1. $4 + 10 + 5 + 9 + 8 + 6 + 7 + 2 + 1 + 8 = 60$.

2. $\dfrac{4}{5} = \dfrac{1896}{2370}$.

187

3. Acht Steine bedeutet: ein Quadrat mit 4 · 4 Quadraten, d. h. 16 Feldern. Die acht Steine mit den niedrigsten Augenzahlen sind: 00, 01, 02, 11, 12, 22, 03, 13; Augensumme 19. Wir wechseln 13 gegen 23 aus, erhalten die Totalsumme 20 und können das magische Quadrat legen.

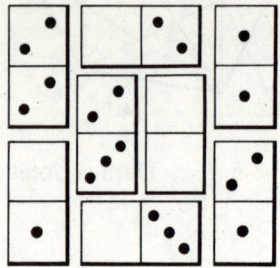

4. A: Jede Zahl (außer der ersten) ist das um 1 verminderte Doppelte der vorangehenden Zahl; statt des Fragezeichens steht also $145 \cdot 2 - 1 = 289$.

B: Jede Zahl (außer der ersten) ist das um 1 verminderte Quadrat der vorangehenden. Statt des Fragezeichens steht also $3968 \cdot 3968 - 1 = 15\,745\,023$.

C: Jede folgende Zahl ist das Dreifache der vorangehenden: $162 \cdot 3 = 486$.

D: Jede folgende Zahl ist die um 3 vergrößerte vorangehende Zahl: $13 + 3 = 16$.

5.

$$\frac{n+1}{n(n+1)} = \frac{1}{n}; \qquad \frac{n(n+1)}{(n+1)^2 - 1} = \frac{n+1}{n+2}; \qquad \frac{n(n+1)}{2n^2} = \frac{n+1}{2n}.$$

6. Zum Beispiel: 24, 312, 45, 47, 15, 17, 40; oder 60, 21, 38, 47, 15, 17, 302.

7.

1	9	16	7	12	5	4	3
8	15	10	2	13	6	11	14

8. $x_1 = 777\,777\,777\,777$, $x_2 = 22\,222\,222$, $x_3 = 777$, $x_4 = 666$, $x_5 = 333$, $x_6 = 5555$, $x_7 = 3$.

9. Da B eine Zahl mit 2 multiplizieren soll, ist der Summand, den B für die Summe liefert, immer gerade. Ob der zweite Summand gerade oder ungerade ist, hängt von der zugeordneten Zahl ab. Ist die Summe also gerade, dann hat A die gerade Zahl C und die ungerade Zahl B zugeordnet. Ist die Summe ungerade, so ist die Zuordnung umgekehrt.

10. Es seien a und b zwei natürliche Zahlen mit der geforderten Eigenschaft; dann gilt

$$a \cdot b = 10 \cdot (a + b),$$
$$ab = 10a + 10b,$$
$$ab - 10a = 10b,$$
$$a(b - 10) = 10b,$$
$$a = \frac{10b}{b - 10} = \frac{10b - 100 + 100}{b - 10} = \frac{10(b - 10) + 100}{b - 10},$$
$$= 10 + \frac{100}{b - 10}.$$

Da $a = 10 + \dfrac{100}{b - 10}$ gilt,

konvergiert a also für weiter wachsendes b gegen 10.
Nur für $b = 11, 14, 15, 20$ erhalten wir natürliche Zahlen $a = 110, 35, 30, 20$.
Es gibt somit noch vier solcher Zahlenpaare $(a; b)$; sie lauten $(11; 110), (14; 35), (15; 30), (20; 20)$.

11. Die beiden zu ermittelnden natürlichen Zahlen seien x und y, und es gelte $y < x$. Dann erhalten wir

$$(x + y) + (x - y) + xy + \frac{x}{y} = 243,$$
$$2x + xy + \frac{x}{y} = 243,$$
$$2xy + xy^2 + x = 243y,$$
$$x(2y + y^2 + 1) = 243y,$$
$$x \cdot (y + 1)^2 = 243y,$$
$$x = \frac{243y}{(y + 1)^2} = \frac{3^5 \cdot y}{(y + 1)^2}.$$

Da x eine natürliche Zahl ist, muß $(y + 1)^2$ ein Teiler von 243 sein, und wegen $243 = 3^5$ kann $(y + 1)^2$ nur eine Potenz von 3 sein, 189 die sich als Quadrat darstellen läßt, also 3^2 oder $3^4 = 9^2$. Also muß $y = 2$ oder $y = 8$ gelten.

Daraus folgt für x:

$$x_1 = \frac{243 \cdot 8}{81} = 24 \quad \text{und} \quad x_2 = \frac{243 \cdot 2}{9} = 54 \, .$$

Also sind 24 und 8 oder 54 und 2 die gesuchten Zahlen.

12.

$77 : 77 = 1$	$7 - (7 + 7) : 7 = 5$
$7 : 7 + 7 : 7 = 2$	$(7 \cdot 7 - 7) : 7 = 6$
$(7 + 7 + 7) : 7 = 3$	$(7 - 7) : 7 + 7 = 7$
$77 : 7 - 7 = 4$	$7 + (7 + 7) : 7 = 9$
	$(77 - 7) : 7 = 10 \, .$

Mathematisches Olympiadefeuer

---

1. Da A, B, C die ersten drei Plätze belegten, sind genau folgende sechs Fälle möglich:

	Widerspruch zur Aussage
a) $A \; B \; C$	./.
b) $A \; C \; B$	(4)
c) $B \; A \; C$	(1)
d) $B \; C \; A$	(1), (4)
e) $C \; A \; B$	(2)
f) $C \; B \; A$	(3)

In fünf dieser Fälle entsteht ein Widerspruch zu wenigstens einer Aussage. Als einziger allen Bedingungen genügender Fall verbleibt a) mit der Reihenfolge ABC.

2. Es gilt z. B.

$$5 \cdot 5 + 5 = 30 \qquad \text{und} \tag{1}$$

$$5 \cdot (5 + 5 : 5) = 30 \, . \tag{2}$$

Da in (1) genau dreimal die Ziffer 5 verwendet wird, läßt sich die Aussage für jedes ungerade n erfüllen, indem man z. B. auf der linken Seite von (1) $\dfrac{n-3}{2}$ mal den Term $5 - 5$ addiert.

190 Da in (2) genau viermal die Zahl 5 verwendet wird, läßt sich die Bedingung für jedes gerade $n > 2$ erfüllen, indem man z. B. auf der linken Seite von (2) $\dfrac{n-4}{2}$ mal den Term $5-5$ addiert.

3.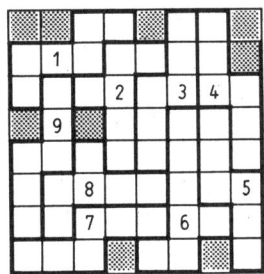

4. Es seien x_1, x_2, x_3, x_4, x_5 die den fünf Buchstaben des Namens in dieser Reihenfolge zugeordneten Zahlen. Dann gilt:

$$\left.\begin{array}{llll}
x_1 + x_2 = 26 & \text{also} & x_2 = 26 - x_1\,, \\
x_1 + x_3 = 17 & \text{also} & x_3 = 17 - x_1\,, \\
x_1 + x_4 = 10 & \text{also} & x_4 = 10 - x_1\,, \\
x_1 + x_5 = 23 & \text{also} & x_5 = 23 - x_1\,,
\end{array}\right\} \tag{1}$$

$$x_1 + x_2 + x_3 + x_4 + x_5 = 61\,. \tag{2}$$

Durch Einsetzen von (1) in (2) gewinnen wir die Gleichung

$$x_1 + 26 - x_1 + 17 - x_1 + 10 - x_1 + 23 - x_1 = 61\,,$$

also $3x_1 = 15$ und damit $x_1 = 5$.

Daraus folgt: $x_2 = 21$, $x_3 = 12$, $x_4 = 5$, $x_5 = 18$.

Der Zahl $x_1 = 5$ entspricht der Buchstabe E,

der Zahl $x_2 = 21$ entspricht der Buchstabe U,

der Zahl $x_3 = 12$ entspricht der Buchstabe L,

der Zahl $x_4 = 5$ entspricht der Buchstabe E,

der Zahl $x_5 = 18$ entspricht der Buchstabe R,

Der gesuchte Name heißt *Euler*.

5. Die Zahlen $a = 1$ und $b = -2$ sind von 0 verschieden; sie haben die Eigenschaft $a > b$ und wegen $|1| = 1$, $|-2| = 2$ auch die Eigenschaft $|a| < |b|$.

Da $a = 1$ jedoch nicht negativ ist, ist sowohl die von A als auch die von B zur Diskussion gestellte Aussage falsch. Ferner gilt: Wenn a und b zwei von 0 verschiedene reelle Zahlen sind, für die $a > b$ und $|a| < |b|$ gilt, so ist b negativ; denn wäre b nicht negativ, so folgte $a > b > 0$, also $|a| = a > b = |b|$ im Widerspruch zu $|a| < |b|$.

Damit ist bewiesen, daß die von C zur Diskussion gestellte Aussage wahr und die von D zur Diskussion gestellte Aussage falsch ist.

6. Die Radien der vier Kreise seien von innen nach außen mit r_1, r_2, r_3, r_4 bezeichnet. Die Kreise enthalten der Reihe nach 1, 3, 7 und 15 der genannten jeweils untereinander inhaltsgleichen Flächenstücke.

Da die Flächeninhalte der Kreise πr_i^2 ($i = 1, 2, 3, 4$) betragen, erhält man aus der Aufgabenstellung die fortlaufende Proportion $\pi r_1^2 : \pi r_2^2 : \pi r_3^2 : \pi r_4^2 = 1:3:7:15$ und daraus wegen $r_i > 0$ ($i = 1, 2, 3, 4$) schließlich $r_1 : r_2 : r_3 : r_4 = 1:\sqrt{3}:\sqrt{7}:\sqrt{15}$, da alle Flächenstücke einander inhaltsgleich sein sollen.

7.

Der Inkreismittelpunkt sei O.
Dann steht gewiß der Radius ϱ
stets senkrecht einmal auf $\overline{AB}$,
zum zweiten tut er's mit $\overline{BC}$.
Auch mit $\overline{AC}$, der dritten Strecke,
da bildet er 'ne rechte Ecke.
Die Punkte, wo jeweils der Treff,
bezeichne man mit D, E, F.
Das Dreieck ABO dabei,
des Inhalts $(c \cdot \varrho):2$
wird durch $\overline{DO}$ nochmals geteilt.
Wenn man bei $\Delta\,ADO$ verweilt
und es mit $\Delta\,AFO$ vergleicht,
so sieht man — wie so üblich »leicht« —
daß beide Flächen kongruent,
falls man den Kongruenzsatz kennt,
den man mit *ssw* beschreibt,
$\overline{AO}$ sich nämlich selbst gleich bleibt;
dann ist $\overline{OD}$ genau gleich ϱ
und für $\overline{OF}$ gilt's ebenso;
der Winkel ADO ist Rechter,
und $\measuredangle\,AFO$ macht's auch nicht schlechter.

Auch für das Dreieck *BOD*
stimmt der Vergleich mit Δ *BOE*.
Das Viereck mit *FCEO*
bleibt noch als Rest.
Jetzt denkt man so:
Da drei der Winkel 90 Grad,
wohl auch der vierte soviel hat.
Darum muß es ein Rechteck sein.
Setzt man die Seitenlängen ein,
erkennt man, daß es folglich hat
den Flächeninhalt ϱ^2.

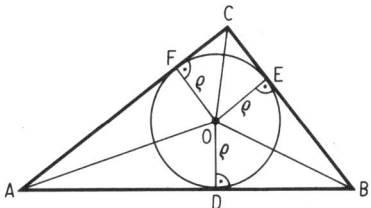

Und unsere Lösung heißt nun so:
$\varrho^2 + c \cdot \varrho$.

8. Der Sieg kann in einem Spiel genau dann erzwungen werden,
wenn es eine Spielweise (Strategie) gibt, die unter allen Umständen
zum Siege führt. Das ist bei dem vorliegenden Spiel der Fall.
Gelingt es nämlich einem der Spieler, etwa dem Spieler *A*, so viele
Hölzchen zu entnehmen, daß der Gegenspieler *B* eine durch 11 teilbare Anzahl Streichhölzer vorfindet, dann kann *A* die von *B* ent-
nommene Anzahl (1 bis 10 Hölzchen) jeweils zu 11 ergänzen, indem
er seinerseits eine entsprechende Anzahl entnimmt, was nach den
Spielregeln immer möglich ist. Auf diese Weise findet *B* stets, wenn
er am Zuge ist, eine durch 11 teilbare Anzahl, nach einiger Zeit
schließlich 11 Hölzchen vor, von denen er mindestens 1 Hölzchen
nehmen muß, aber höchstens 10 Hölzchen nehmen darf. Daher
bleibt zuletzt für *A* ein Rest von 1 bis 10 Hölzchen, den er in
jedem Falle vollständig fortnehmen kann.
Im vorliegenden Fall (Spielbeginn mit 150 Hölzchen) ergibt sich
daraus: *A* kann stets den Sieg erzwingen, nämlich indem er beim
1. Mal durch Wegnahme von genau 7 Hölzchen die durch 11 teilbare
Anzahl 143 herstellt und dann die genannte Strategie einhält.
B kann den Sieg also nicht erzwingen; er kann es genau dann,
wenn *A* wenigstens einmal nicht die genannte Strategie einhält.

9. Eine in der Aufgabe genannte Strecke heiße »zweifarbig«, wenn
sie zwei verschiedenfarbige Punkte miteinander verbindet, sonst
»einfarbig«. Ein Punkt ist genau dann außergewöhnlich, wenn von   193

ihm mehr zweifarbige als einfarbige Strecken ausgehen. Wird ein außergewöhnlicher Punkt umgefärbt, so gehen danach von ihm mehr einfarbige als zweifarbige Strecken aus, während alle nicht von ihm ausgehenden Strecken unverändert bleiben. Daher wird bei jeder Auswahl eines Punktes und seinem Umfärben die Anzahl der zweifarbigen Strecken kleiner. Käme man nicht nach endlich vielen Schritten auf diese Weise zum Ziel, so müßte es eine Menge geben, von der aus unendlich viele Umfärbungen der genannten Art möglich wären, und es entstände als Folge der Anzahlen der jeweils vorliegenden zweifarbigen Strecken somit eine unendlich streng monoton abnehmende Folge natürlicher Zahlen, was nicht möglich ist. Dieser Widerspruch beweist die zu zeigende Behauptung.

10. Ist x die Anzahl der Pflaumen, die der Korb enthält, dann bekommt der erste Freier $\left(\dfrac{x}{2} + 1\right)$ Pflaumen. Als Rest verbleiben

Pflaumen in der Anzahl $x - \left(\dfrac{x}{2} + 1\right) = \dfrac{x}{2} - 1$. Die Anzahl der

Pflaumen, die der zweite Freier bekommt, ist hiernach

$$\frac{\dfrac{x}{2} - 1}{2} + 1 = \frac{x}{4} + \frac{1}{2},$$ und als nunmehriger Rest verbleiben Pflau-

men in der Anzahl $\left(\dfrac{x}{2} - 1\right) - \left(\dfrac{x}{4} + \dfrac{1}{2}\right) = \dfrac{x}{4} - \dfrac{3}{2}$.

Die Anzahl der Pflaumen, die der dritte Freier bekommt, ist dann

$$\frac{\dfrac{x}{4} - \dfrac{3}{2}}{2} + 3 = \frac{x}{8} + \frac{9}{4}.$$

Danach ist der Korb geleert, woraus die Gleichung

$$\left(\frac{x}{4} - \frac{3}{2}\right) - \left(\frac{x}{8} + \frac{9}{4}\right) = 0 \text{ folgt. } \frac{x}{8} = \frac{15}{4}, \ x = 30.$$

Daher enthält der Korb genau 30 Pflaumen.

11. Die sechsstellige Telefonnummer läßt sich im dekadischen System folgendermaßen darstellen:

$$z = a \cdot 10^5 + b \cdot 10^4 + c \cdot 10^3 + d \cdot 10^2 + e \cdot 10^1 + f$$

mit natürlichen Zahlen a, b, c, d, e, f, für die $0 \leqq b$, c, d, e,

$f \leqq 9$ und $b, c, d, e, f \neq 1$ sowie $2 \leqq a \leqq 9$ gilt. Wäre $a + b \geqq 10$, so wäre die erste Ziffer c der Quersumme $a + b$ eine 1. Also gilt: $a + b = c \leqq 9$.

Ebenso erhält man $b + c = d \leqq 9$, $c + d = e \leqq 9$, $d + e = f \leqq 9$. Angenommen, es wäre $a \geqq 4$. Dann wäre $c = 4$ und $d = 4$ und mithin $e \geqq 8$, was $d + e = f \geqq 12$ zur Folge hätte, im Widerspruch zu $f \leqq 9$. Also gilt $a \leqq 3$, woraus laut Aufgabe $a = 2$ oder $a = 3$ folgt. Angenommen, es wäre $b > 0$. Dann müßte laut Aufgabe $b \geqq 2$ gelten. Daraus folgt $c \geqq 4$, $d \geqq 6$ und $c + d = e \geqq 10$, was nicht möglich ist. Also gilt $b = 0$. Da Günters Hausnummer eine durch 3 teilbare Zahl ist, gilt $a = 3$. Die Hausnummer lautet also 30 und die Telefonnummer seiner Schule 30 33 69.

12. Angenommen, der Viehhändler habe zunächst für jedes Tier a Groschen verlangt, dann beträgt die Einsparung $a \cdot \dfrac{a}{100}$ Groschen, und es gilt:

$a - \dfrac{a^2}{100} = 21$. Daraus folgt:

$100a - a^2 = 2100$ und
$a^2 - 100a + 2100 = 0$.

Hieraus folgt, daß $a = 70$ oder $a = 30$ sein muß.

Im Falle $a = 30$ hätte der Bauer 90 Groschen gehabt. Da 90 nicht durch 21 teilbar ist, entfällt diese Möglichkeit. Daher kann nur $a = 70$ den Bedingungen der Aufgabe entsprechen. Von dem ursprünglichen Preis (70 Groschen je Tier) wurden 70%, d. h. 49 Groschen, heruntergehandelt. Somit lautet der neue Preis 21 Groschen je Tier, und das gesamte Geld von 210 Groschen, das bei dem alten Preis für genau 3 Tiere reichte, wurde bei dem neuen Preis vollständig ausgegeben, da 210 durch 21 teilbar ist. Der Bauer konnte insgesamt 10 Tiere kaufen.

1. Die Partie des ersten Spielers gegen den zweiten muß remis (unentschieden) ausgegangen sein, denn diese beiden Spieler haben keine Partie verloren. Daher hat der erste Spieler nicht mehr als 8,5 , der zweite nicht mehr als 8 Punkte erreicht. Die Spieler auf den letzten vier Plätzen haben untereinander genau sechs Partien ausgetragen, die Summe ihrer Punktzahlen ist daher mindestens 6. Der Spieler auf dem vierten Platz hat also mindestens 6, der auf dem dritten Platz mindestens 6,5 Punkte. Aber der dritte Spieler kann auch nicht 7 oder mehr Punkte haben, weil dann die ersten beiden Spieler zusammen 17 oder mehr Punkte hätten, was nicht möglich ist. Folglich hat der dritte Spieler 6,5 , der vierte 6 Punkte. Die ersten beiden Spieler haben zusammen 16,5 Punkte; das ist nur möglich, wenn der Sieger 8,5 , der zweite 8 Punkte hat. Nun ist die Gesamtpunktzahl aller zehn Spieler gleich 45 (denn 45 Spiele wurden ausgetragen), die letzten sechs Spieler erzielten davon

$$45 - (8,5 + 8 + 6,5 + 6) = 16$$

und die letzten vier Spieler 6 Punkte. Daher haben die Spieler auf dem fünften und sechsten Platz zusammen 10 Punkte; das ist nur möglich, wenn sie 5,5 bzw. 4,5 Punkte haben. Ergebnis: Die ersten sechs Spieler erzielten 8,5; 8; 6,5; 6; 5,5 bzw. 4,5 Punkte.
Bemerkung: Es können sämtliche Bedingungen der Aufgabe erfüllt werden, wenn die Partien 1. gegen 2., 3. gegen 5., 2. gegen 6. remis endeten und bei allen übrigen Spielen der besser plazierte Spieler gewann.

2. Es beteiligten sich 6 Jungen an allen drei Sportarten zugleich.

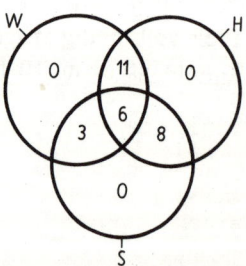

3. Wie dem Bild zu entnehmen ist, gibt es drei mögliche Arten dieser Eisenbahnnetze.

(1) Im ersten Falle kann jede Stadt ein Knotenpunkt sein, in dem vier Linien zusammenlaufen. Es gibt also fünf Netze in dieser Art.
(2) Im zweiten Falle ist eine Stadt ein Knotenpunkt, in der nur drei Linien sich treffen. Sie kann auf vier Arten mit drei anderen Städten verbunden werden (die Anzahl der Kombinationen von vier Gegenständen zu je drei). Jedesmal kann die fünfte Stadt mit einer der drei Städte verbunden werden, die mit der ersten in Verbindung stehen. Es gibt also $4 \cdot 3 = 12$ Möglichkeiten. Da jede der fünf Städte als Knotenpunkt gewählt werden kann, gibt es insgesamt $5 \cdot 12 = 60$ Netze der betrachteten Art.

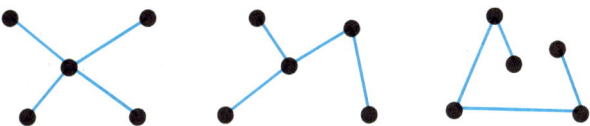

(3) Im dritten Falle treffen niemals drei Linien in einer Stadt zusammen. Jeder Permutation der fünf Städte entspricht ein mögliches Netz, d. h., es gibt hier so viele Netze, wie es Permutationen von fünf Gegenständen gibt, also $5! = 120$. Nun ergeben aber zwei derselben Stadt entsprechende Permutationen in entgegengesetzter Richtung dasselbe Netz, so daß es insgesamt $120 : 2 = 60$ verschiedene Netze gibt. Es gibt also insgesamt $5 + 60 + 60 = 125$ Möglichkeiten, die Städte auf die verlangte Art zu verbinden.

4. 15 Bewegungen sind nötig.

$c - d \quad e - c \quad f - e$

$d - f \quad f - h \quad b - d$

$d - f \quad a - b \quad b - d$

$c - b \quad e - c \quad g - e$

$f - g \quad d - f \quad e - d.$

5. Der Schweizer H.-C. Lenhard zeigt, wie das gestellte Problem gelöst wird:
Zum Ziele kommen wir, wenn weder die Summe noch die Differenz der beiden Ziffern des Anfangsfeldes durch 3 teilbar ist.
Diese Bedingung wird erfüllt von den Feldern 02, 04, 13, 20, 23, 26, 31, 32, 34, 35, 40, 43, 46, 53, 62 und 64.
Unser Beispiel (Feld 43 bleibt frei von einer Spielmarke):

Spielmarke 45 von Feld 45 auf Feld 43 (Spielmarke 44 entfernen);
Spielmarke 24 von Feld 24 auf Feld 44 (Spielmarke 34 entfernen);
Spielmarke 43 von Feld 43 auf Feld 45 (Spielmarke 44 entfernen);
46—44; 36—34; 26—24; 63—43; 55—53; 43—63; 51—53;
63—43; 34—54; 64—44; 32—52; 62—42; 23—25; 15—35;
04—24; 03—23; 12—32; 42—22; 40—42; 30—32; 32—12;
02—22; 11—31; 23—21; 20—22; ...

6. Es gibt zahlreiche Lösungen, z. B.

138	91 650	91 670
920	91 650	91 670
407	4 670	4 650
———	4 670	4 650
1465	———	———
	192 640	192 640

7.

Tag	1.	2.	3.	4.	5.	6.
Vormittag	Sonne	Sonne	Sonne	Sonne	Sonne	Sonne
Nachmittag	Regen	Regen	Regen	Regen	Sonne	Sonne

7.	8.	9.
Regen	Regen	Regen
Sonne	Sonne	Sonne

$$f = \frac{6 + 5 + 7}{2} = 9.$$

Mbongo hatte 9 Ferientage.

8. Der Fehler liegt bei der nichtäquivalenten Umformung beim Ziehen der Quadratwurzel aus den Quadraten:

$$\sqrt{\left(2 - \frac{5}{2}\right)^2} = \sqrt{\left(-\frac{1}{2}\right)^2} = \sqrt{\frac{1}{4}} = \frac{1}{2} \neq 2 - \frac{5}{2} = -\frac{1}{2},$$

$$\sqrt{\left(3 - \frac{5}{2}\right)^2} = \sqrt{\left(\frac{1}{2}\right)^2} = \sqrt{\frac{1}{4}} = \frac{1}{2}.$$

9. Wenn man in dem Hause x Ehepaare mit den Kinderzahlen $y_1 < y_2 < y_3 < ... < y_{x-1} < y_z$ wohnen, so soll $y_1 + y_2 + y_3 + ... + y_{x-1} < y_x$ sein.

Folglich

$$y_x > 1 + 2 + 3 + ... + (x - 1) = \frac{x(x - 1)}{2},$$

und für die Gesamtzahl y der Kinder gilt

$$y > 2 \cdot \frac{x(x - 1)}{2} = x(x - 1).$$

Haben die x Familien u Buben und v Mädel, so gilt

$$y > 2x > u > v > x,$$

woraus

$4x > u + v = y > 2x$ folgt. Ferner

$u \leqq 2x - 1,$ also

$v \leqq 2x - 2,$

$y = u + v \leqq 4x - 3.$ Deshalb

$x(x - 1) < y \leqq 4x - 3,$

und $x(x - 1) - (4x - 3) < 0,$

oder $x^2 - 5x + 3 < 0,$

oder $(2x - 5)^2 < 13 < 16,$

also $-4 < 2x - 5 < +4,$

oder $1 < 2x < 9,$

oder $1 \leqq x \leqq 4.$

(1) Bei $x = 2$ wäre $2x = 4 > u > x = 2,$

und $2x = 4 > v > x = 2,$

woraus $u = v = 3$ folgen würde, was gegen die Voraussetzung ist.

(2) Bei $x = 3$ wäre $2x = 6 > u > x = 3,$

und $2x = 6 > v > x = 3.$

Wegen $u > v$ folgt dann $u = 5, v = 4,$

und daraus $y = u + v = 9 = 1 + 2 + 6 = 1 + 3 + 5.$

Nur wenn die drei Familien 1 und 3 und 5 Kinder haben,

worunter   1 und 1 und 3 Söhne

und   0 und 2 und 2 Töchter sind,

ist die Bedingung erfüllt, daß jedes Mädchen mindestens einen Bruder und höchstens eine Schwester hat. Dies ist die einzige Lösung der Aufgabe. Denn:

Bei $x = 4$ wäre $x(x - 1) = 12 < y \leqq 4x - 3 = 13,$ (3)

woraus $y = 13 = 1 + 2 + 3 + 7$ folgt.

Das erste Ehepaar kann keine Tochter haben, das zweite höchstens eine, die übrigen höchstens je zwei.

Also $v \leqq 0 + 1 + 2 + 2 = 5$.

Wegen $v > x = 4$

ist deshalb

$v = 5$, $u = y - v = 13 - 5 = 8 = 2x$.

Dies widerspricht der Forderung $2x > u$.

10. Uwe habe sich die Zahl x gemerkt, und n sei das berechnete Endergebnis; dann gilt:

$[(x \cdot 5 + 2) \cdot 4 + 3] \cdot 5 = n$,

$$100x + 55 = n.$$

Die gemerkte Zahl x erhält man, wenn man die letzten beiden Ziffern (55) im errechneten Ergebnis wegläßt. Beispiel: $n = 1755$, $x = 17$.